Oskar Reutter

Computergestützte
Netzplantechnik

Oskar Reichert

Computergestützte Netzplantechnik

Ein Leitfaden für Praktiker in Unternehmen

vieweg

Das in diesem Buch enthaltene Programm Material ist mit keiner Verpflichtung oder Garantie irgendeiner Art verbunden Der Autor und der Verlag übernehmen infolgedessen keine Verantwortung und werden keine daraus rolgende oder sonstige Haftung übernehmen, die auf irgendeine Art aus der Benutzung dieses Programm-Materials oder Teilen davon entsteht.

Gedruckt auf säurefreiem Papier

ISBN-13: 978-3-322-83074-6   e-ISBN-13: 978-3-322-83073-9
DOI: 10.1007/ 978-3-322-83073-9

Vorwort

Die computergestützte Netzplantechnik bedeutet eine erhebliche Reduzierung des zeitlichen Aufwandes bei der praktischen Anwendung der Netzplantechnik. Alle Routinearbeiten, wie z.B. Durchrechnungen des Netzplanes, Kalendrierungen, Sortierungen, Änderungen in Plänen und Listen, Zeichnen der Pläne, Drucken der Listen etc. werden schnell und fehlerfrei computergestützt durchgeführt. Eine manuelle Durchführung einer integrierten Planung mit Hilfe der Netzplantechnik ist wegen der großen Zahl der anfallenden Daten und ihren Vernetzungen nicht wirtschaftlich.

In diesem Buch werden die Voraussetzungen (Hardware) für eine computergestützte Netzplantechnik behandelt. Es werden 27 Netzplantechnik-Programme, mit dem Schwerpunkt PC-Programme, beschrieben. Wichtige Auswahlkriterien und Bezugsadressen für Programme sind in Tabellen zusammengefaßt. Darüberhinaus bieten Checklisten dem Anwender eine wertvolle Hilfe bei der Auswahl eines Programmes. Anhand eines Beispieles wird die computergestützte Anwendung demonstriert.

Das vorliegende Buch ist insbesondere eine wertvolle Hilfe für Ingenieure und Betriebswirte in der Praxis, die bereits die Netzplantechnik manuell anwenden und nun bei ihren Projektplanungen die computergestützte Netzplantechnik zur Zeit- und Kosteneinsparung einführen wollen.

In Band I werden die Grundlagen der integrierten Netzplantechnik nach der Vorgangsknotentechnik in übersichtlicher und knapper Darstellung behandelt. Anhand vieler praxisnaher Aufgaben und Lösungen kann der Leser sich schnell in die integrierte Netzplantechnik einarbeiten.

Meinen Dank möchte ich den Studenten des Fachbereiches Maschinenbau und Verfahrenstechnik der Fachhochschule Düsseldorf aussprechen, die mir bei der computergestützten Erstellung der Grafiken behilflich waren.

Düsseldorf, Februar 1994   Oskar Reichert

Inhaltsverzeichnis

1 Entwicklungen beim Einsatz der NPT mit EDV

Seit der Entwicklung der Mikrocomputer Anfang der siebziger Jahre zeigt der Markt für diese Rechnertypen eine überaus schnelle Expansion. Drei Ursachen sind vor allem zu nennen:

- das schnell sich verbessernde Preis-/Leistungsverhältnis
- der räumlich benutzernahe Einsatz am Arbeitsplatz und
- die Standardisierung von Software [B5].

Die Verfahren der Netzplantechnik (NPT) wurden auch mit dem Ziel entwickelt, die Möglichkeiten des Computers für die Planung, Steuerung und Überwachung von Projekten zu nutzen [B1].

Methoden der NPT wurden schon früh als typische Computeranwendungen erkannt und realisiert. Sie gehören seit den fünfziger Jahren zum Standardinstrumentarium der Projektplanung. Die umfangreichen Datenmengen und die Vielfalt der Abhängigkeiten bei großen und komplexen Projekten können nur mit Hilfe dieses Werkzeugs sicher, schnell und vollständig beherrscht werden. Eine manuelle Anwendung der NPT ist in diesen Fällen viel zu aufwendig und somit unwirtschaftlich. Die stapelweise (batchorientierte) Verarbeitung von Daten mit Großcomputern ist auf Grund der neueren Entwicklungen in der Informatik (Dialogsysteme) an Personal Computern (PC) überholt worden.

Die Zahl der Anwendungen der NPT in Verbindung mit der elektronischen Datenverarbeitung (EDV) ist in den letzten Jahren, insbesondere mit PC sprunghaft gestiegen. Dieser exponentielle Anstieg ist auf die Innovationen, Leistungssteigerungen und Qualitätsverbesserungen verbunden mit einem Preisrückgang bei der Hardware: Großrechnern, Workstations, PC, Plottern, Druckern etc., zurückzuführen. Sehr unterschiedliche Fabrikate und Typen von Großrechnern, PC, Druckern, Plottern und Bildschirmen der Herstellerfirmen werden in den Unternehmen bei der Planung, Steuerung und Kontrolle von Projekten eingesetzt.

Die konzeptionelle Einfachheit der NPT-Methoden sowie das umfangreiche, leistungsfähige Angebot der Hardware und der Projektmanagement-Software zu sehr günstigen Preisen, haben in den letzten Jahren dazu geführt, daß diese Planungsmethoden auf allen Managementebenen, aber auch in vielen anderen Bereichen eingesetzt werden. Wesentliche Bestandteile dieser Methoden und ihrer Implementierung in Programmpaketen sind insbesondere die Struktur- und Zeitplanung.

Die stürmischen Neu- und Weiterentwicklungen bei Rechnern und Peripheriegeräten stimulierten sehr die Neu- und Weiterentwicklungen von unterschiedlichen und leistungsfähigen NPT-Programmen. Diese wurden insbesondere für PC kreiert; bestehende Programme von Großrechnern modifiziert, abgespeckt und PC-lauffähig gemacht. Bei einer unveröffentlichten Umfrage des Verfassers im Jahre 1979, gaben nur 7 % der Firmen an, sie würden die Netzplanungen mit Hilfe eines PCs vornehmen.

Der Siegeszug der Personalcomputer hat eine grundsätzliche Umorientierung im Denken der Planer bewirkt. Wenn es der Aufgabenumfang zuläßt, setzen Architekten und Ingenieure heute auf PC-Software, um den Zeit- und Kostenaufwand der Projektplanung und -steuerung nachhaltig zu senken und ein Maximum an Informationen bereitzustellen. Ein großer Vorteil der NPT-Anwender ist natürlich die Verfügbarkeit eines PCs vor Ort.

Die Visualisierung komplexer Abläufe in Form dynamischer, interaktiver Grafiken, die über eine Mehrfensterverwaltung synchron den Netzplan, den Balkenplan sowie diverse Tabellen anzeigen, wird dabei unterstützt. Die Auswirkungen, die sich durch eine Änderung in den verschiedenen Plänen, Tabellen und Managementgrafiken ergeben, sind sofort auf einen Blick sichtbar [28].

Bei der Umfrage, die im Jahre 1991 vom Verfasser [52] durchgeführt wurde, gaben 69 % der Unternehmen an, sie würden ihre Netzplanungen mittels PC-Programmen durchführen.

Aufgrund vieler Veröffentlichungen und Umfragen ist davon auszugehen, daß diese stürmischen Entwicklungen in den nächsten Jahren anhalten bzw. sich noch verstärkt fortsetzen werden.

2 Gegenwärtiger Stand - NPT mit EDV -

2.1 Innovationen bei der Hard- und Software

Netzplanungen in Verbindung mit EDV ist immer dann von Vorteil, wenn große Datenmengen mit ihren vielen Abhängigkeiten bearbeitet werden müssen. Die weithin bekannten Vorteile der Datenverarbeitung (DV) treffen im besonderen Maße auf die Anwendung der NPT zu.

Bei der NPT mit Hilfe der EDV können sämtliche Rechenabläufe automatisch, schnell und exakt erledigt, alle Projektdaten leicht aktualisiert und gespeichert werden. Des weiteren sind Soll-, Ist-Vergleiche, Änderungen, Sortierungen, Erstellung von diversen Berichten, Zeichnungen etc. am Computer schneller, leichter und effizienter zu realisieren.

Die neuen NPT-Programme zeichnen sich u. a. dadurch aus, daß sie durch den interaktiven Einsatz von farbigen und grafischen Datensichtgeräten einerseits und Schnittstellen zu anderen Datenverarbeitungsprogrammen anderseits die Möglichkeit bieten, ein aktuelles, operationelles System zur Planung und Überwachung von Projekten zu realisieren.

Der Prozeß der Innovation der Hard- und Software ist derzeit voll im Gange. Er wird wegen der laufend günstiger werdenden Nutzen-Kostenrelation bei Planungen mit NPT/EDV dazu führen, daß in naher Zukunft auch mittlere und kleinere Unternehmen, insbesondere die des Maschinenbaus, die Vorteile der Anwendung der NPT in Verbindung mit der EDV erkennen und diese Hilfsmittel viel mehr einsetzen werden.

Modernes Projekt-Management ist sehr dynamisch, indem die Methoden der Netzplantechnik während der Dauer des Projekts fortwährend und intensiv zum Einsatz gelangen. Dabei werden zu Beginn relativ grobe Modelle erstellt, um die Machbarkeit unter verschiedenen Randbedingungen zu überprüfen (*What-if*-Analysen) [44]. So kann künftig der gesamte Auftragsdurchlauf bei Unterneh-

men, z.B. beim Engineering, der Fertigung, der Montage, bis zur In-
betriebnahme mit der NPT/EDV vorgenommen werden.

Netzplan-Software für PC bietet inzwischen Leistungsprofile, die
noch vor einigen Jahren nur von Großrechner-Paketen erreicht wurden. Vielen Software-Anwendern sind diese Leistungen nicht be-
kannt und angesichts des schnellebigen Angebotsmarktes suchen
sie nach Orientierungshilfe. Die Konzentration auf Netzplan-Software, insbesondere für PC, ist angesichts des großen Angebotsspek-
trums notwendig. Ziel der vorliegenden Arbeit ist es, dazu beizutra-
gen, den Einstieg in die NPT mit EDV-Programmen zu erleichtern
und den potentiellen Anwendern der NPT einen Gesamtüberblick
zum gegenwärtigen Stand zu geben.

2.2   Ergebnisse einer Umfrage

Zum gegenwärtigen Stand beim Einsatz der NPT-EDV-Programme
werden im folgenden einige wichtige Ergebnisse, anhand von Diagrammen mitgeteilt. Die Umfrage kann nicht den Anspruch auf
Vollständigkeit erheben, denn den Auswertungen liegen nur die
Antworten von 64 Unternehmen zu Grunde.

Das folgende Bild 2.2.1 zeigt die Aufschlüsselung des Hilfsmittel
NPT bei der Planung von Projekten. Dem Bild ist zu entnehmen,
daß 27 Unternehmen die integrierte Netzplanung, also die Erstellung von Struktur-, Ablauf-, Balken-, Kapazitäts- und Kostenplänen
praktizierten.

Mit Zeitnetzplänen planten 24 Unternehmen, mit konventionellen
Balkenplänen 13 Unternehmen. Firmen, die nur mit Zeitnetzplänen
oder konventionellen Balkenplänen arbeiteten, benutzen zur Kos-
ten- und Kapazitätsplanung zusätzliche Module bzw. selbstentwik-
kelte Programme.

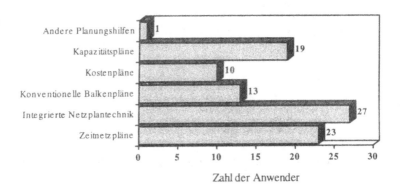

Bild 2.2.1: Planungshilfen bei Projekten (Stand 1991) [52]

Das folgende Bild zeigt, wie die Anwendung der Netzplantechnik bis 1991 zugenommen hat. Die Bearbeitung der Netzpläne mit Hilfe der NPT-EDV-Programme stieg seit 1985 exponentiell an, insbesondere durch den verstärkten Einsatz der PC-Programme.

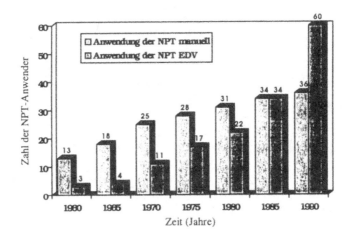

Bild 2.2.2: Unternehmen, die NPT anwenden (Stand 1991) [52]

Die Entwicklung unterschiedlicher, preiswerter und sehr leistungsfähiger Rechner und Peripheriegeräte, beschleunigte diese Entwicklung. Der exponentielle Anstieg beim Einsatz der NPT mit PC-Programmen läßt erwarten, daß die Entwicklungen und Verbesserungen von PC-Programmen und ihre Anwendungen in den nächsten Jahren sich noch verstärkt fortsetzen werden.

Die *Bilder 2.2.3 und 2.2.4* geben einen *Überblick über die eingesetzten Netzplanprogramme* mit Programmnamen/Softwareanbieter.

Bei der Frage der Kosten für die Planungshilfe NPT/EDV in Prozent, bezogen auf die gesamten Kosten des Projektes gaben einige Firmen an, daß die Kosten der Planungshilfe NPT mit PC-Programmen vernachlässigbar klein seien. Die meisten Firmen bezifferten die Kosten kleiner als 1 %.

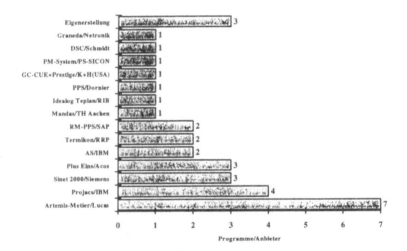

Bild 2.2.3: Eingesetzte Netzplanprogramme auf Großrechnern
(Stand 1991) [52]

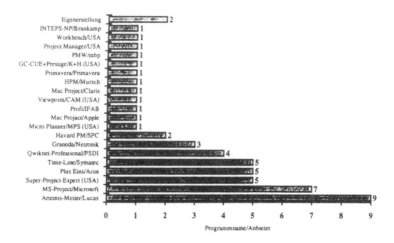

Bild 2.2.4: Eingesetzte Netzplanprogramme auf PC (Stand 1991) [52]

Die *Unternehmen gegliedert nach Bereichen, die die Netzplantechnik anwenden,* geht aus dem *Bild 2.2.5* hervor.

Von allen Unternehmen, die geantwortet hatten, setzten die Unternehmen des Anlagenbaus beim Bau von Neuanlagen und Erweiterungen die NPT ohne oder mit EDV am stärksten ein, gefolgt vom Maschinenbau und der chemischen Industrie. Die große NPT/EDV-Anwenderzahl in diesen Industriebereichen läßt sich mit der Größe und dem hohen Grad der Komplexität der Projekte erklären.

Die Zahl der NPT-EDV-Anwendungen in den Unternehmensbereichen bezogen auf die Gesamtzahl der mit Hilfe der NPT geplanten und abgewickelten Projekte in Prozent, gehen aus folgender Zusammenstellung hervor:

* Neubau   62 %
* Erweiterung   16 %
* Fertigung   9 %
* Forschung/Entwicklung   9 %
* Reparatur/Instandhaltung 4 %.

Weitere Einzelheiten der Umfrage sind der Veröffentlichung [52] zu entnehmen.

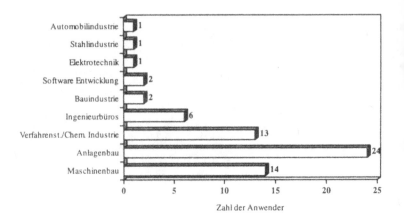

Bild 2.2.5: Anwender der NPT/EDV in Unternehmensbereichen (Stand 1991) [52]

3   Personal Computer-Arbeitsplatz

Ein Personal Computer Arbeitsplatz ist eine kleine bis mittlere Datenverarbeitungsanlage, die mit den erforderlichen Peripheriegeräten in unmittelbarer Nähe des Benutzers aufgebaut werden sollte. Zu den Peripheriegeräten gehören ein Rechner (Computer), ein Bildschirm (Monitor), eine Maus, ein Drucker und ein Plotter

Zur Zeit gibt es mehr als zwei Dutzend Systeme zum Management von Projekten mittels eines PCs. Sie reichen vom einfachen Zeitplanungssystem bis hin zur relationalen Datenbank mit integrierten Netz- und Mehrprojektplanungen, Berichtsgeneratoren und vielfältigen, anspruchsvollen Grafikausgaben.

Im Rahmen dieses Buches wird ein PC-Arbeitsplatz mit der Hardware und dem Betriebssystem kurz beschrieben werden.

Das folgende Bild zeigt einen typischen *PC-Arbeitsplatz*.

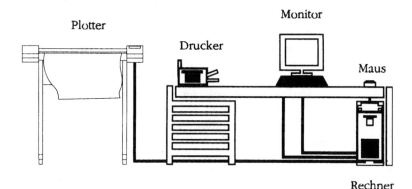

Bild 3.1: PC-Arbeitsplatz

3.1   Hardware

Sinnvoll ist der Einsatz eines NPT-Programmes nur auf einem PC der gehobenen Klasse mit einem ausreichenden Hauptspeicher. Ein Festplattenlaufwerk mit niedrigen Zugriffszeiten, ein Coprozessor zur Beschleunigung umfangreicher Berechnungen und ein Farbbildschirm sollten ebenfalls vorhanden sein. Strukturen und Zusammenhänge sind durch die farbliche Trennung wesentlich besser zu erkennen. Zum Ausdrucken der Grafiken und Berichte ist ein Drucker notwendig. Für eine effiziente Arbeit mit dem PC wird bei vielen Programmen eine Maus gefordert.

Diese genannten Hardwareausrüstungen sind Mindestanforderungen. Für die Erstellung anspruchsvoller Grafiken sollte ein entsprechender Plotter zur Verfügung stehen.

3.1.1   Personal Computer

Ein PC, ist ein Arbeitsplatzcomputer, eine baulich kleine Datenverarbeitungsanlage, die möglichst zusammen mit den erforderlichen Peripheriegeräten in unmittelbarer Nähe des Benutzers aufgestellt werden sollte. Ein PC wird als Einzelarbeitsplatz, heute aber vermehrt in Netzwerken konzipiert. Zu einem typischen, leistungsfähigen Personal Computer gehören folgende Hardwarekomponenten:

Der Rechner, ein Farbmonitor, eine Tastatur, eine Maus, mindestens ein, häufig aber zwei Diskettenlaufwerke für 3½-Zoll (1.44 MB) oder zusätzlich 5¼-Zoll (1.2 MB). Wegen der zunehmenden Größe der Programme und des Datenumfanges wird zusätzlich ein CD-Laufwerk empfohlen. Der Rechner sollte IBM-kompatibel und möglichst ausbaufähig sein (Towergehäuse). Für das Motherboard ist eine schnelle Festplatte, entsprechend den vorliegenden Anforderungen z.B. von mindestens 200 MB zu installieren. Die Taktrate sollte nicht unter 33 MHz liegen. Ein strahlungsarmer 17-Zoll-Farbmonitor oder größer wird empfohlen.

Für eine gute Auflösung der Grafiken (1.024x726) und der Tiefenschärfe sollte eine leistungsfähige Grafikkarte installiert werden. Ein Arbeitsspeicher mit 8 MB könnte für normale Ansprüche ausreichen. Zu einem PC gehören selbstverständlich mehrere Schnittstellen für Peripheriegeräte, wie z.B. für einen Monitor, eine Tastatur, eine Maus, einen Drucker, einen Plotter sowie die notwendigen Vernetzungen zu anderen Personal Computern und/oder Workstations.

3.1.2   Drucker

Der Drucker (Printer) ist ein Peripherigerät, das mit hoher Geschwindigkeit Daten, Programme u.a. Informationen in Form von Text, Tabellen, Grafiken etc. auf Papier ausdruckt. Gesteuert wird der Drucker durch den Microprozessor, dem der hierfür benötigte Befehlsvorrat meist in Form von betriebsfertig programmierten Festwertspeichern zur Verfügung gestellt wird. Man unterscheidet serielle und parallele Drucker, sowie Zeilendrucker und Seitendrucker.

Bei den seriellen Druckern, auch Seriendrucker genannt, werden die einzelnen Zeichen wie bei einer Schreibmaschine nacheinander gedruckt. Zu den Zeichendruckern gehören unter anderem Typenrad-, Kugelkopf-, Nadel- und Matrixdrucker. Als Schreibmaterial wird meist Endlospapier verwendet. Ein Matrixdrucker mit dem sich das Zeichenfeld wesentlich feiner rastern läßt als mit dem Nadeldrucker, ist der fast geräuschlos und auch mehrfarbig arbeitende Farb- oder Tintenstrahldrucker. Bei ihm werden die einzelnen Zeichen mosaikartig aus feinsten Farbstrahltröpfchen zusammengesetzt.

Um höhere Druckgeschwindigkeiten mit mechanischen Typendruckern zu erzielen, werden Zeilendrucker (Paralleldrucker) eingesetzt. Diese besitzen für jede Druckstelle einer Zeile eine eigene Druckvorrichtung, so daß alle Zeichen einer Zeile praktisch gleichzeitig gedruckt werden (Druckgeschwindigkeit 10-50 Zeilen/Sekunde). Bei den Zeilendruckern unterscheidet man im allgemeinen zwischen mechanischen Stab-, Ketten- und Walzendruckern.

Um noch höhere Druckgeschwindigkeiten zu erzielen, wurden *nichtmechanische Drucker* entwickelt. Vor dem Druckvorgang wird das Zeichenmuster einer ganzen Seite meist in einem Pufferspeicher kurzfristig zwischengespeichert und dann dem Drucker zur Verfügung gestellt. Neben dem Thermodrucker, bei dem das Schriftbild durch kurzzeitiges Erwärmen der mit einem temperaturempfindlichen Spezialpapier in Kontakt stehenden Mosaikpunkten in das Papier eingebrannt wird, gibt es den Laserdrucker.

Beim Laserdrucker schreibt ein in seiner Richtung programmgesteuerter Laserstrahl die Zeichen auf eine elektrostatisch vorgeladene Photohalbleiterfolie. Das entstehende Ladungsbild wird mit Hilfe von Tonerpartikeln von der mit der Folie überzogenen Drucktrommel auf das Papier übertragen.

Die Leistung der Laserdrucker liegt bei 6 bis 12 DIN A-4 Blätter pro Minute. Die Datenmenge, die ein derartiger Hochleistungsdrucker verarbeiten kann, beträgt etwa 12 Megabit/Sekunde, weshalb sie meist im Verbund mit Massenspeichern arbeiten.

3.1.3   Plotter

Der Plotter ist eine Ausgabeeinrichtung für die automatische Erstellung von Zeichnungen (Grafiken) nach digitalen oder analogen elektomagnetischen Signalen. Die Übertragung von Informationen von einem Computer erfolgt in bildlicher oder grafischer Form auf Papier oder einem ähnlichen Medium.

Es gibt sehr viele verschiedene Plottervarianten, um die unterschiedlichen Anforderungen hinsichtlich Größe, Genauigkeit, Geschwindigkeit und anderer Attribute wie z.B. Farbe abzudecken. Bei Flachbettplottern erfolgt die Zeichenbewegung in beiden Achsrichtungen durch einen Zeichenkopf, während die ebene Zeichenfläche ruht.

Bei Trommelplottern (Walzenplottern) dagegen erfolgt die Bewegung in einer Achsenrichtung durch Drehung einer Walze und die Mitnahme eines darüber gelegten Zeichnungsträgers, während der Zeichenkopf sich nur in der dazu senkrechten Richtung, also in derjenigen der Walzenachse, bewegen kann. Die für den Zeichenvorgang erforderlichen Befehle erfolgen von den Programmen.

In den Zeichenkopf werden Kugelschreiber, Filzschreiber oder Farbdüsen gesteckt. Der Plotter zeichnet das Bild, indem er einen Stift oder das Papier oder beides in der oben beschriebenen Folge bewegt. Die Auflösung liegt typischerweise bei 200 Positionen pro Zoll für Trommelplotter, sie kann bis zu 500 Positionen pro Zoll für Flachbettplotter erreichen.

3.2 Betrieb eines Personal Computers

3.2.1 Benutzeroberfläche

Die Benutzeroberfläche zeigt an, in welcher Form das System Informationen an den Benutzer abgibt und von diesen entgegennimmt. Man unterscheidet folgende Benutzeroberflächen:

1. Die befehlsorientierte Benutzeroberfläche. Der Benutzer setzt mit der Eingabe von Befehlen die gewünschten Funktionen in Gang.

2. Die menüorientierte Benutzeroberfläche. Der Benutzer trifft durch Anwählen eines Menüpunktes seine Auswahl.

3. Die symbolorientierte Benutzeroberfläche. Der Benutzer wählt die Funktion durch die Initialiserung eines Symbols (Ikon).

3.2.2 Betriebssystem

Unter einem Betriebssystem versteht man die Gesamtheit aller Programme, die den Betrieb einer EDV-Anlage ermöglichen. Das Betriebssystem bildet die notwendige Voraussetzung für den Betrieb von Anwenderprogrammen. Es übernimmt die Vermittlerrolle zwischen Hardware, den ablaufenden Anwenderprogrammen und dem Systembenutzer. Es besteht aus einer ganzen Reihe verschiedener, meist vom Hersteller gelieferter Programme, die als notwendige Ergänzung der Hardware einen festen Bestandteil jeder EDV-Anlage bilden.

Das Betriebssystem ermöglicht dem Programmierer und dem Anwender das Arbeiten mit dem Computer. Es besteht aus Programmen, die den internen Computerbetrieb steuern und koordinieren und solchen, die für die Ausführung der Anwenderprogramme erforderlich sind.

Die wichtigsten Aufgaben eines Betriebssystems sind:

- Steuerung des Systems und Laden der Programme
- Steuerung und Überwachung der Peripheriegeräte
- Zuteilung des Hauptspeicherplatzes
- Steuerung der Eingabe- und Ausgabe-Operationen
- Unterstützen von Routinetätigkeiten
- Behandeln von auftretenden Fehlern.

Es gibt folgende Betriebssysteme für:

1. Einzel-Programm-Verarbeitung (single task), wie z.B. CP/M, MS-DOS, PC-DOS.

2. Mehr-Programm-Verarbeitung (multiprogramming-tasking), z.B. OS/2.

3. Mehrplatzfähige Anwendungen, z.B.: UNIX (von Microsoft als XENIX, von IBM als AIX angeboten).

Für die 16-bit-Mehrplatzsysteme gewinnen UNIX und andere aus ihm entstandene Betriebssysteme immer größere Bedeutung, während für die 32-bit-Systeme UNIX das leistungsfähigste und für viele Anwender das geeignetste Betriebssystem zu sein scheint.

3.2.3   Windows

Windows ist die von Microsoft als Ergänzung zu MS-DOS entwikkelte grafische Benutzeroberfläche, die mit Fenstertechnik, Steuerung durch die Maus und immer gleichartigen Bildmasken arbeitet und so die unterschiedlichsten Programme für den Benutzer in ihrem äußeren Erscheinungsbild aneinander angleicht. Für den Benutzer besteht der Hauptvorteil in der Loslösung von den Kommandos, die ansonsten zur Steuerung von MS-DOS erforderlich sind.

Windows ist seit 1985 auf dem Markt, liegt heute in der Version 3.11 vor und ist für normale PC, für Workgroups und für PenComputer verfügbar. Es sind mindestens 4 MB Speicherkapazität im Arbeitsspeicher notwendig. Außerdem ist mindestens ein Intelprozessor vom Typ 80386 erforderlich. Die Benutzeroberfläche bietet eine Reihe von Windows-Funktionen, die allgemeine Büro- und Sekretariatsarbeiten einschließen. Die Verbreitung ist inzwischen sehr groß.

3.2.4   Vernetzungen

Neben den Rechnern beherrscht noch eine Vielzahl der verschiedensten Peripheriegeräte die Szene. Der Gedanke war naheliegend, die verschiedenen spezialisierten Geräte zusammenzuschließen und allen Benutzern eines bestimmten Gebietes (z.B. eines Unternehmens) alle vorhandenen Dienstleistungen der Datenverarbeitung verfügbar zu machen.

Diesen Zusammenschluß ermöglichen lokale Netze, die über mehrere Rechenanlagen oder deren Komponenten über kurze Entfernungen, z.B. innerhalb eines Firmenareals miteinander verbunden sind, so daß ein Datenaustausch möglich wird. Diese Vernetzungen werden mit LAN (Local Area Network) bezeichnet. Lokale Netze können in Stern-, Ring- und Busform aufgebaut sein. Lokale Netze in Ringform bestehen u.a. aus dem Ring eines Koaxialkabels oder eines verdrillten Telefonkabels. Der Ring („Token ring") enthält Signalverstärker und Schnittstellen für den Anschluß der einzelnen Geräte, z.B. SDLC (Synchronons Data Link Control) von IBM.

Wenn ein lokales Datennetz nur von einem Hersteller auf den Markt gebracht wird und nur den Anschluß von Geräten dieses einen Herstellers gestattet, dann spricht man von einem „geschlossenen" LAN. Bei „offenen" Netzen (Open System Local Area Net-works, abgekürzt OSLAN) hingegen können verschiedene Geräte unterschiedlicher Hersteller vernetzt werden. Nach Belieben können Peripheriegeräte oder Prozessoren angeschlossen werden, die eine ebensolche genormte Schnittstelle aufweisen. Es sei hier erwähnt, daß zwischen LAN und Gerät ein Verbindungsglied einzuschalten ist (Adapter, Server, Bedienungsstation etc.), daß das Gerät dem LAN physisch und logisch anpaßt.

4 Überblick über NPT-Programme

In diesem Kapitel werden 27 NPT-Programme in ihren wesentlichen Merkmalen beschrieben. Vergleiche dieser Programme lassen sich schnell anhand der wichtigen Auswahlkriterien, die in tabellarischer Form zusammengestellt sind, vornehmen. Die Beschreibung der Gemeinsamkeiten der 27 Software-Pakete soll dazu beitragen, die Unterschiede der Programme besser zu erkennen. Schließlich stellt die Zusammenstellung der Bezugsadressen eine wertvolle Hilfe zur Kontaktaufnahme mit den Softwarehäusern dar. Auf die Angabe von Preisen zur Beschaffung der Programme wurde aufgrund der laufenden Änderungen, unterschiedlicher Konditionen etc. verzichtet.

Das Ergebnis dieser Arbeit basiert auf Umfragen, Durcharbeitung des Schrifttums der Firmenprospekte, vieler Gespräche mit Fachleuten sowie aufgrund eigener Untersuchungen und Erfahrungen mit einigen Programmen. Diese Analysen, Betrachtungen, Zusammenstellungen und Ergebnisse können nicht den Anspruch auf Vollständigkeit erheben.

Die Entwicklungen bei der Hard- und Software sind so dynamisch, daß neue Programme auf dem Markt erscheinen, vorhandene werden laufend verbessert und einige Programme werden auf dem Markt nicht mehr angeboten. Es kann daher sein, daß mit dem Erscheinen dieses Werkes einige Angaben durch Weiterentwicklungen überholt sind. Aus diesem Grunde ist es unmöglich, eine Gewähr für die Vollständigkeit und Richtigkeit aller Angaben zu übernehmen.

Im einzelnen handelt es sich um folgende Programme:

1. ACOS PLUS.EINS-Projektmanagement-Programm 4.3
2. Artemis Schedule Publisher 4.1 L
3. Artemis Prestige für Windows
4. Artemis 7000 für Windows
5. Artemis CPlan für Windows
6. Artemis 7000 PLUS

7. CA SuperProject 3.0 für Windows
8. DPS-DIAMANT
9. GRANEDA Personal für Windows GPW
10. INTEPS-GPI Gesamtauftragssteuerung mit Netzplänen
11. MS Project 3.0 für Windows
12. On Target 1.0 für Windows
13. PARISS ENTERPRISE
14. Primavera Project-Planer 5.01
15. Project-Manager-Workbench für Windows PMW
16. Projekt-Planungs- und Steuerungs-System PPS 3-PC
17. Project Outlook 3.1 für Windows
18. Project Scheduler 6.0
19. PROWIS
20. PSsystem
21. Qwiknet Professional
22. Projektmanagementsoftware PS auf Basis R/3
23. SINET
24. TERMIKON
25. Texim Project 2.0
26. Time Line 5.0 für Windows
27. Visual Planner für Windows.

4.1 Kurzbeschreibung der NPT-Programme

4.1.1 ACOS PLUS.EINS-Projektmanagement-Programm

Das ACOS PLUS.EINS-Programm ist ein branchenunabhängiges Projektsteuerungs- und Überwachungssysstem, das von sehr vielen Kunden auf den unterschiedlichsten Rechnern und Betriebssystemen von der Bauplanung bis zur Software-Entwicklung genutzt werden kann. Bei den Rechnern handelt es sich um PC, MINIs, Großrechner und Mehrplatzsysteme. Es ist geeignet für die Planung und Analyse von Terminen, Kapazitäten, Kosten und bietet Funktionen für Einzel- und Multiprojektplanung an.

Für nur gelegentliche Benutzer eines Planungsprogrammes gibt es als preiswerte Alternative zu Low-Cost-Planungsprogrammen die MINI.PLUS-Version aus gleichem Hause. Im Vordergrund steht hier das Umsetzen von Daten in grafische Ausgaben. MINI.PLUS ist vollständig kompatibel zu PLUS.EINS.

Die Ausgabe der Daten erfolgt in Form frei gestaltbarer Listen und Tabellen, Struktur-, Balken- und Netzplänen, sowie von Auslastungsdiagrammen und Kostenkurven. Die Benutzeroberfläche kann frei gestaltet werden. Die Daten lassen sich nach vielen Gesichtspunkten selektieren, sortieren und verdichten. Der Benutzer wird durch Maussteuerung unterstützt, die eine erhebliche Erleichterung darstellt. Eine vorhandene Hilfefunktion erleichtert den Einstieg.

Als Datentransferformat steht unter anderem das DXF-Format zur Verfügung, das z.B. als AutoCAD-Schnittstelle oder für Desk-Top-Publishing-Systeme Verwendung findet. Weiterhin ist ein direkter Anschluß an Informix, Oracle, SQL etc. in Vorbereitung. Als Dokumentationssprachen stehen zur Verfügung: deutsch, englisch, französisch, demnächst spanisch und zusätzlich eine Kombination von lateinischer und kyrillischer Dateneingabe und -ausgabe.

Weitere Informationen werden in folgendem Schrifttum gegeben: [37, 55, B5, M1, P1].

4.1.2   Artemis Schedule Publisher 4.1 L

Lucas Management Systems ist seit vierzehn Jahren der weltweit führende Anbieter von Software und Dienstleistungen für projektgesteuerte Unternehmensführung und Management von Projekten. Das Programm ist ein Bestandteil der Artemis-Familie und ist damit mit allen anderen Artemis-Produkten für alle Unternehmenslösungen kombinierbar.

Die Software ist für das interaktive Management von Terminplänen, Einsatzmitteln und Kosten auf grafischem Wege konzipiert. Sie zeichnet sich durch verkürzte Einarbeitungszeiten, außergewöhnlich hohe Funktionalität, erhöhter Arbeitseffizienz in der Bearbeitung der Projekte bei leicht verständlicher Bedienung aus. Das Besondere an diesem Programm ist die Nutzung des Industriestandards von Microsoft Windows und Macintosh.

Selbst große Datenmengen werden zügig verarbeitet, sodaß hochwertige und schnelle Entscheidungen durch sofortige Visualisierung von Projektänderungen oder Ergebnissen bei *Was-wäre-wenn*-Zuständen der Projekte getroffen werden können.

Mit Hilfe der Optionen der grafischen Darstellungen werden Lage, Präsentationen und Berichte weit oberhalb der üblichen Standards produziert. Diese klaren, verständlichen Präsentationen der Projektinhalte fördert die Kommunikation.

Durch die gleichzeitige Darstellung der Einsatzmittelauslastungen zusammen mit den Termindaten, werden mögliche Konflikte und Auswirkungen von Terminänderungen oder anderen Einflußgrößen sofort erkannt. Damit besteht am Bildschirm bei Unter- und Überlastungen die Möglichkeit, Alternativlösungen durchzuchecken.

Die Kosten können über drei verschiedene Kostentabellen bzw. Kostenkurven in folgender Art dargestellt werden: Budget der geplanten Arbeit, Arbeitswert der geleisteten Arbeit und Istkosten der geleisteten Arbeit.

Die Ausgabe der Pläne, Diagramme, Listen etc. erfolgt über alle Geräte, die Windows unterstützen, wie z.B. Bildschirm, Drucker und Plotter. Es bestehen integrierte Schnittstellen zur Standard- oder Individualsoftware, also zur Einbindung von Daten aus anderen Programmen. Die vier Arten von Anordnungsbeziehungen sowie die Vorzieh- und Wartezeiten werden berücksichtigt. Alle Funktionen wie kopieren, modifizieren, sortieren, selektieren, ausschneiden, einfügen, importieren/exportieren sind integraler Bestandteil des Programmes.

4.1.3   Artemis Prestige für Windows

Artemis Prestige ist das flexible Standardsystem für das Management von multiplen Projekten im Multi-User-Betrieb. Die Nutzung des Industriestandards MS-Windows und der höchst effizienten Client/Server Architektur bedeutet für den Nutzer eine Verkürzung der Einarbeitungszeit, leichte Bedienbarkeit und damit hohe Arbeitseffizienz im Management von Terminen, Einsatzmitteln und Kosten.

Heute wird von einer professionellen Projektmanagement-Lösung die Nutzung des Industriestandards Windows erwartet. Die meisten Projektmanager sind mit der Windows-Architektur vertraut. Die Vorteile sind: verkürzte Einarbeitung, komfortable und leichte Bedienung, sowie Nutzung der von MS-Windows unterstützten Drucker und Plotter. Funktionen wie das Anlegen von Projekten, die Eingabe und Verwaltung der Vorgänge, Erstellen und Ändern von Kalenderinformationen und das Bearbeiten von Projektstrukturen werden mit *Point and Klick* durchgeführt. Das vereinfacht und beschleunigt die Projektplanung und -verwaltung wie auch das Berichtswesen. Daten werden entweder auf grafischem Weg oder in Übersichtstabellen eingegeben, je nach Wunsch des Anwenders.

Die Client-Server Architektur bietet den Vorteil, daß CPU intensive Verarbeitungsvorgänge wie Terminrechnungen und Ressourcenabgleiche auf einen leistungsstarken Server verlagert werden können. Der Server kann ein PC in einem LAN oder Mini sein, während der Client ein PC ist. Datenverwaltung und Berichtswesen können z.B. lokal auf dem Client erfolgen. Durch diese effiziente Architektur wird eine bestmögliche Nutzung der vorhandenen Rechnerleistungen erreicht.

Neben vielen Standardberichten steht die volle Integration mit Artemis Presents für die Erweiterung/Änderung von Ressourcenhistogrammen, Netz- und Balkenplänen sowie Grafiken zur Verfügung. Grafiken können von anderen Programmen importiert und editiert werden. Für gute Präsentationen ist es möglich, Texte hinzuzufügen.

Projektmanagement erfordert den Datenaustausch mit einer Vielzahl zentraler Unternehmens-Software, z.B. für Kosten- und Materialwirtschaft. Dieser Austausch wird erleichtert, wenn eine gemeinsame Standarddatenbank benutzt wird. Artemis Prestige nutzt die Standarddatenbanken Oracle und SQLBase.

4.1.4   Artemis 7000 für Windows

Diese Software von Lucas Management Systems ist die Basis für die Erstellung eines kundenindividuellen Planungs- und Steuerungssystems. Es ist ausgelegt für den Einsatz als unternehmensweite Lösung mit vielen Arbeitsplätzen und gleichzeitig laufenden Projekten, also für ein Multiuser und Mehrprojektsystem. Das Programm wird durch die 4GL-Artemis-Sprache gesteuert. Im System sind eine relationale Datenbank mit spezifischen Netzplantechnik-Routinen für das Management von Einsatzmitteln sowie ein flexibler Berichts- und Grafikgenerator integriert.

Die relationale Datenbank mit integrierter Termin- und Kapazitätsplanung liefert die notwendige Flexibilität, um den verschiedenen Projekten mit ihren Anforderungen im Unternehmen gerecht zu werden, um auf künftige Veränderungen in der Organisation oder der Aufgabenstellung schnell zu reagieren. Alle erforderlichen Projektmanagementdateien werden ohne Schnittstellen bereitgestellt. Dies gewährleistet schnelle und effiziente Arbeit. Netzplan- und Ressourcendaten, Organisations- und Projektstrukturen, Kosteninformationen und sonstige Daten mit Einfluß auf die Projekte sind fester Bestandteil der Datenbank. Die Datentabellen sind jederzeit erweiterbar um zusätzlich benötigte Felder und können mit anderen Datentabellen verknüpft werden.

Artemis 7000 für Windows bedeutet eine Erweiterung der Artemis 7000-Grundsoftware. Mit dieser Software kann grafisch interaktiv mit folgenden Windowsoberflächen gearbeitet werden:

- X-Windows mit dem Betriebssystem UNIX
- Microsoft Windows mit dem Betriebssystem DOS
- DEC-Windows mit dem Betriebssystem VMS.

Artemis 7000 für Windows trägt den zunehmenden Weiterentwickungen bei der computergestützten Anwendung der Netzplantechnik mit der Portabilität auf alle Artemis 7000-Umgebungen Rechnung. Das bedeutet, daß ohne Veränderungen die Artemis-Anwendungen übertragbar sind. So könnte z.b. ein unter MS-Windows auf einem PC entwickelter Netzplan unter X-Windows mit dem Betriebssystem UNIX weiter bearbeitet werden.

Viele neue Funktionen *Widgets* sind gegenüber der Grundsoftware hinzugekommen, z.B. die *Point and click*-Funktion. Bei der Anwendung auf einem PC erscheint die vertraute Windows-Oberfläche.

Projektmanagement bedeutet nicht nur Netzplantechnik, sondern Einbeziehung aller Informationen, die Einfluß auf die abzuwickelnden Projekte haben. Dies können zum Beispiel Liefertermine von Materialien, Informationen zu Unterlieferanten oder Kosteninformationen sein.

Die Terminierung der Vorgänge von Projekten umfaßt die formale Prüfung der Daten, die Vorwärts- und Rückwärtsterminierung, Berechnung der Pufferzeiten und des kritischen Weges unter Berücksichtigung individueller Kalender. Durch vielfältige Unterbefehle können die verschiedenen Berechnungsformen und Einzelschritte beeinflußt werden. Hierdurch wird größtmögliche Flexibilität für projektindividuelle Anforderungen erreicht. Neben der herkömmlichen Terminierung unter Vorgabe von Schätzdauern, Restdauern etc. besteht in Artemis 7000 die Möglichkeit der Terminierung entsprechend des Arbeitsaufwandes.

Jedem Vorgang können Profile der benötigten Ressourcen in Abhängigkeit von der Vorgangsdauer oder von dem Arbeitsaufwand zugeordnet werden. Im Rahmen der Terminrechnung werden den benötigten Ressourcen Bedarfszeiten zugewiesen. Diese zeitraumbezogenen errechneten Bedarfstermine werden den Verfügbarkeiten gegenübergestellt. Damit können die Über- und Unterlasten erkannt und ausgewiesen werden. Der Ressourcenabgleich zum Abbau von

Überlasten erfolgt danach für alle oder ausgewählten Ressourcen, nach individuellen oder standardisierten Prioritäten. Die Ausweisung der Lastung mit dem Ressourcenabgleich erfolgen für Teilprojekte und für einzelne oder mehrere Projekte. Das Kapazitälsmodul bildet die Grundlage für Kapazitätsplanungen und das Aufzeigen möglicher Engpässe im Projektverlauf. Durch Simulationen mit unterschiedlicher Prioritätsvergabe ist die Kapazitätsbetrachtung die Basis für die Auswahl bestmöglicher Alternativen.

Im Projektmanagement werden Daten aus unterschiedlichen Unternehmensbereichen zumeist in verdichteter Form benötigt. Mit der SQL-Schnittstelle von Artemis ist der direkte Zugriff auf Daten einer zentral genutzten Datenbank (wie z.B. Oracle, Ingres, Rdb) möglich. Dies bedeutet Datenkonsistenz und Vermeidung von Datenredundanz. Die SQL-Daten werden wie Artemis-eigene Daten behandelt. Somit sind Berichte, Grafiken und Verdichtungen mit oder ohne Zusammenhang mit Artemis-Daten möglich.

Neben der Nutzung von Standards kann in das Programm ein auf individuelle Anforderungen zugeschnittenes Berichtswesen erstellt werden. Der integrierte Berichtsgenerator ermöglicht frei definierbare Ausgaben aller vorgehaltenen Daten nach jedem beliebigen Auswahlkriterium und beliebiger Reihenfolge. Alle Projektbeteiligten erhalten die Informationen, die zur Erledigung ihrer Aufgaben erforderlich sind.

Im einzelnen können folgende Pläne, Listen und Tabellen erstellt werden: Projektstruktur-, Zeitnetz-, Balkenpläne, Kapazitäts- und Kapazitätsspitzenabgleichspläne, Kostensummen- und Kostenverteilungspläne, Vorgangs- und Arbeitslisten etc.

Die Vielzahl und Flexibilität der Grafiken erlaubt die gewünschte Ausgabe und Genauigkeit bei höchster Qualität der Pläne. Die Zahl der Vorgänge in einem Netzplan ist unbegrenzt. Auch Kalender können unbegrenzt definiert werden. Für den Bildschirmbetrieb muß eine EGA- bzw. VGA-Grafikkarte vorhanden sein. Eine Maussteuerung wird teilweise unterstützt. Die Dokumentationssprache ist englisch.

4.1.5   Artemis CPlan für Windows

Artemis CPlan ist die Basis für individuelle Projektmanagement-Lösungen. Dazu gehören im einzelnen die Erstellung von Projektstrukturen, Terminen, Einsatzmitteln und Kosten sowie Multiprojektplanungen. So können z.B. Projekte unterschiedlicher Größe und Komplexität auf diese Weise mit adäquaten Techniken abgewickelt werden. Die Benutzeroberfläche mit ihren Funktionen kann individuell und anwenderspezifisch angepaßt werden.

Für alle Projekte besteht eine gemeinsame Stammdatenverwaltung. Eindeutige Terminologie und Vorgehensweisen erleichtern die Kommunikation und sind Voraussetzung für die Verdichtung von Informationen. Der Administrator stellt den verschiedenen Benutzergruppen entsprechend ihren Aufgaben die Benutzeroberfläche mit den Funktionen zur Verfügung. Diese ausschließliche Bereitstellung der erforderlichen Funktionen bedeutet eine Verkürzung der Einarbeitungszeit sowie eine Reduzierung der Fehlerhäufigkeit.

Interaktive grafische Editoren für die Erstellung und Bearbeitung von Strukturen, Balken- und Netzplänen, Kalendern und Verfügbarkeiten steigern die Übersichtlichkeit und die Arbeitseffizienz dieses Programmes. Die Parametrisierung bei Berichten ist hoch entwikkelt, sodaß mehrere Berichte gleichzeitig angezeigt und nach beliebig vielen Selektions- und Sortierkriterien ausgedruckt werden können.

Artemis CPlan ist modular aufgebaut. Unter Benutzung der integrierten, menügesteuerten Toolbox kann das System schnell und wirkungsvoll auf laufende Veränderungen im Unternehmen oder den Wünschen der Kunden so zugeschnitten werden, daß es jederzeit flexibel einsetzbar ist. Diese Software ist Bestandteil der Artemis-Familie und ist daher mit allen anderen Artemis-Produkten kombinierbar.

4.1.6   Artemis 7000 PLUS

Dieses Programm ist die Basis der individuellen Projektmanagementlösungen bei Strukturen, Terminen, Einsatzmitteln und Kosten und für Mehrprojektplanungen in einer Mehrbenutzer-Umgebung. Die Programmoberfläche mit den Funktionen können bei dem Programm menügesteuert von dem Benutzer auf die unternehmens- und anwendungsspezifische Anforderungen angepaßt werden.

Artemis 7000 PLUS basiert auf der Textversion von Artemis 7000 und ist modular aufgebaut. Unter Benutzung der mitgelieferten Toolbox kann die Anwendung schnell und effizient auf individuelle Anforderungen zugeschnitten werden. Zukünftige Änderungen der innerbetrieblichen Vorgehensweisen können einbezogen werden, so daß jederzeit ein den Anforderungen entsprechendes Projektmanagement-System den Anwendern zur Verfügung steht.

Bei dieser Software stehen ausgefeilte Projektmanagement-Techniken für die Planung und Steuerung von Terminen, Einsatzmitteln und Kosten zur Verfügung. Projekte unterschiedlicher Größe und Komplexität können auf diese Weise mit adäquaten Techniken abgewickelt werden.

Für alle Projekte besteht eine gemeinsame Stammdatenverwaltung. Eindeutige Terminologie und Vorgehensweisen erleichtern die Kommunikation und sind Voraussetzung für die Verdichtung von Informationen.

On-Line Zugriffe auf konsolidierte Daten und Abweichungsanalysen zur Feststellung der jeweiligen Projektstände stehen als Basis für fundierte Entscheidungen zur Verfügung.

Die Verwaltung aller Projekte mit ihren Eckinformationen erfolgt anhand von Strukturen. Bei der Definition von verfügbaren Einsatzmitteln und Kosten können die Kostensteigerungsraten mit einbezogen werden. Im Verlauf des Projektes werden die Istdaten aller Projekte gemeinsam ausgewertet und verdichtet.

Das Programm besitzt viele Funktionen des Managements der Termine, der Einsatzmittel und Kosten im Rahmen der Vorgaben, der Plandaten und Istdaten. Die Auswertung der Projektdaten kann über vielfältige Standardberichte vorgenommem werden. Für das individuelle Berichtswesen werden Berichtsmakros generiert.

Den Anwendergruppen werden entsprechend ihren Aufgaben spezielle Zugriffsrechte auf das System und die Funktionen durch den Systemmanager bereitgestellt. Diese Bereitstellung der geforderten Funktionen bedeutet eine Verkürzung der Einarbeitungszeit und Reduktion der Fehlerhäufigkeit.

Weitere Informationen über die   Artemis-Programme werden in folgendem Schrifttum gegeben: [38, 47, B5, M1, P11].

4.1.7   CA-SuperProject für Windows

Bereits 1985 war Computer Associates mit einem Projektmanagement-System auf dem deutschen Markt. Mit der Version SuperProject-Expert kam 1988 der Durchbruch. Es folgten die Systeme CA-SuperProject 2.0 für die Betriebsebenen DOS und VAX. Seit Mai 1992 läuft das Projektmanagement CA-SuperProject 3.0 für Windows. Die Erfahrungen der vorangegangenen Versionen und insbesondere die Anforderungen des Marktes haben es zu einem leistungsstarken Werkzeug für das Projektmanagement werden lassen.

Besonders bei der Verwaltung der Kosten und Ressourcen bietet die neue Version stark erweiterte Funktionen der Wirtschaftlichkeitskontrolle.

CA-SuperProject für Windows ist das Projektmanagement-System für jeden Anwender, der Projekte rechtzeitig, bei optimaler Ressourcenauslastung und Einhaltung seines Budgets realisieren muß. Durch Pull-down-Menüs, Popup-Dialogfelder, Mausunterstützung sowie Werkzeugleiste für die wichtigsten Befehle ist CA-SuperProject einfach zu handhaben und zu erlernen.

Fünf individuell wählbare Modi erlauben es, das Programm den jeweiligen Projektanforderungen anzupassen. Beim Doppelklicken auf einen Vorgang oder eine Ressource springt ein Informations-Fenster für die Bearbeitung auf. Soll zum Beispiel ein Kostenfeld eines bestimmten Vorgangs geändert werden, doppelklickt man einfach auf den Vorgang und in dem daraufhin aufspringenden Dialogfeld werden die Änderungen eingegeben. Aufgrund der einfach zu bedienenden Programmoberfläche ist die Einarbeitungszeit kurz, eine kontinuierliche Steigerung möglich und die Standardisierung der Projektplanung einfacher.

Ein Projektmanagement-Programm muß die tatsächliche Projektumgebung wirklichkeitsnah wiedergeben können. Zu diesem Zweck gibt es bei dieser Software benutzerdefinierte Felder und Formeln. Durch freie Definition von Feldnamen und Feldlängen lassen sich Projekte bedarfsgerecht bearbeiten. Die Eingabe von mathematischen Formeln erlaubt es, individuelle Auswertungen vorzunehmen. Vorgänge können als aufwand-, arbeitstag- oder ressourcengesteuert, fix oder flexibel definiert werden. Es ist möglich, integrierte Unterprojekte anzulegen oder Vorgänge projektübergreifend miteinander zu verbinden.

Effektives Projektmanagement setzt eine möglichst realitätsnahe Verwaltung der Ressourcen voraus. Das Programm bietet die Möglichkeit, Ressourcen zu definieren und den Vorgängen individuelle Wirkungsgrade, Zuteilungen und Prioritätsstufen zuzuweisen.

Ressourcenkonflikte werden projektübergreifend sichtbar gemacht und können durch einen automatischen Ressourcenausgleich beseitigt werden. Der Ressourcenausgleich wird prioritätsorientiert oder im Pufferbereich ausgeführt. Die Möglichkeit, Ressourcen automatisch zu splitten, optimiert die Ressourcenauslastung und berechnet realitätsnahe Projektdaten.

Mit dieser Software läßt sich der Ressourceneinsatz optimieren und der günstigste Zeitplan für die Projektfertigstellung ermitteln. Hat das Projekt begonnen, unterstützt das Programm projektverantwortliche Manager bei der Einhaltung von Zeitrahmen und Budget, wobei kostenspielige Projektengpässe rechtzeitig erkannt und beseitigt werden können. Dazu sind lediglich die Ist-Termine, IstKosten und/oder die erledigten Stunden einzugeben. Ist- und Soll-Daten können verfolgt und verglichen, Rest-Stunden und Rest-Kosten können analysiert werden. Die Earned-Value-Analyse ermöglicht eine umfassende Bewertung des Projektfortschritts. Möglichkeiten zu *Was-wäre-wenn-Analysen* mit geänderten Prioritäten, anderen Ressourcenzusammenstellungen, Einbeziehen von Überstunden oder anderen Maßnahmen verbessern die Projekttransparenz und mindern das Risiko von Fehlplanungen.

In der neuen Fassung ist auch die Durchführung von Multiprojekt-Management möglich. So kann man jetzt Vorgänge aus einem Projekt mit denen eines anderen verbinden. Veränderungen in dem einen Projekt werden automatisch in anderen verknüpften Projekten abgeglichen. Das ist vor allem dann vorteilhaft, wenn der Fortschritt eines Projekts von dem anderer Projekte abhängig ist. Für häufiger wiederkehrende Vorgänge steht der integrierte Makrogenerator CA-REALIZER zur Verfügung. Vorgefertigte Makros, unter anderem zur Konvertierung von MPX-Dateien und zum Import von Excel-Daten, erleichtern die Übernahme von Datenbeständen.

Mit Hilfe der integrierten BASIC-Makrosprache von CA-REALIZER läßt sich das Programm individuellen Erfordernissen anpassen. Unter anderem kann die Bedienungsoberfläche von CA-SuperProject firmenspezifischen Anforderungen und Abläufen angepaßt werden. Mit CA-REALIZER werden eigene Windows-Anwendungen geschrieben, die auf Funktionen und Daten von CA-SuperProject zurückgreifen. So läßt sich zum Beispiel die Dateneingabe und Datenauswertung in selbstdefinierten Oberflächen durchführen.

CA-SuperProject unterstützt eine offene Architektur, die es erlaubt, Projektdaten problemlos mit anderen Anwendungen auszutauschen. Ebenfalls neu ist die DDE-Fähigkeit (Client und Server). Durch DDE und DLL kann CA-SuperProject als Client und Server Projektdaten mit anderen Windows-Anwendungen austauschen. Mit Grafiken und Reports lassen sich Projektinformationen überzeugend darstellen. Grafiken werden interaktiv in WYSIWYG mit einem breiten Spektrum an benutzerdefinierbaren Farben, Schriftarten, Symbolen und Schraffuren erstellt. Balken-, Netz und Projektstrukturpläne sowie Histogramme werden für bestimmte Zielgruppen oder Anwendungen bedarfsgerecht gestaltet.

Professionelle Berichte lassen sich durch freie Definition von Spaltenüberschriften und -breiten, Filtern und Zwischensummen sowie Matrizen, Kopf- und Fußzeilen und Rändern individuell gestalten. Alle Windows-Gerätetreiber und Fonts werden unterstützt. Werden noch höhere Anforderungen an die Erstellung und Ausgabe von Projektplänen gestellt, so bietet das Zusatzpaket CA-GRO 3.0 zusätzliche professionelle, DIN-gerechte Gestaltungsmöglichkeiten unter Windows. Außer diesem Programm für Windows gibt es SuperProject Expert und SuperProject-Plus für DOS.

Weitere Informationen werden in folgendem Schrifttum gegeben: [21, 37, 47, B5, M1, P3].

4.1.8   DPS-DIAMANT

Die Firma Dornier, Friedrichshafen hat zur Entwicklung, Planung und Verbreitung moderner Technologien 1962 als gezielte Diversifikation, Dornier-System gegründet.

DPS-DIAMANT ist ein leistungsfähiges, an der Netzplantechnik orientiertes Projektmanagementsystem, in das im Laufe der ständigen Weiterentwicklung die umfangreichen Erfahrungen bei der Abwicklung unterschiedlichster Projekte eingeflossen sind. Ausgehend von dem in den 60er Jahren im Auftrag des BMVG entwickelten Projekt-Planungs- und- Steuerungssystem (PPS), sind die einzelnen Module des Systems erweitert und den sich ändernden Bedingungen der EDV-Entwicklung, z.B. durch die Einbindung leistungsfähiger Grafiksysteme, Netzwerkfähigkeit und umfangreicher Schnittstellen etc. angepaßt worden.

Das Programm kann von der Projektart oder Branche unabhängig eingesetzt werden. Das Spektrum umfaßt Planungs-, Entwicklungs-, Fertigungs- und Bauprojekte aus den Bereichen Maschinenbau, Fahrzeugbau, Schiffbau, Luft- und Raumfahrt, Elektro-Industrie, Bauwesen, Pharmazeutische Industrie, Apparatebau, neue Technologien, Dienstleistungen und Öffentliche Hand. Charakteristisch für das Programm sind die:

- durchgängige, menuegesteuerte Arbeitsplatzumgebung mit Funktionstastensteuerung
- direkte Anzeige von Fehlermeldungen, mit integriertem Ablauf- und Diagnoseprotokoll
- anwendergesteuerte Versionsverwaltung für Soll-/Istvergleiche
- Zweisprachigkeit (deutsch/englisch)
- offene Datenschnittstelle zu PC-Standardsoftware
- anwenderspezifische Software
- umfangreiche, detaillierte Dokumentation.

Diese Software kann vom Großrechner bis hin zum PC durchgängig genutzt werden. Die im DPS-System erstellten Strukturen und Abläufe sowie die errechneten Ergebnisse werden mit Hilfe der DPS-Komponente GRANEDA in Form verschiedener Pläne und Grafiken dargestellt. Im einzelnen besteht das Programm aus den drei Modulen: Termin-/ Zeitplanung, Kosten-/ Einsatzmittelplanung, Listen- und Grafikausgabe.

Mit der Termin-/Zeitplanung können erstellt werden:

Projektstrukturpläne mit 9 hierarchischen Teilaufgaben-/Arbeitspaketebenen, automatischer Strukturaufbereitung, Ablaufstruktur, Vorgangserfassung in echter Teilnetztechnik, Plan- und Isttermine, Puffer, Arbeitsfortschritte, Hilfe- und Hängemattenvorgänge, Anordnungsbeziehungen mit minimalen/maximalen Warte- und Vorziehzeiten, Projektkalender, automatische Terminverdichtung über die Projektstruktur, Meilensteine.

Die Kosten-/Einsatzmittelplanung umfaßt die folgenden Funktionen:

Sollkostenermittlung auf Arbeitspaket- und/oder Vorgangsebenen, Istkostenerfassung auf Teilaufgabenebenen, Kostenstellen-/Kostenartenzuordnungen mit Zuschlags- und Bewertungssätzen, Einsatzmittelabgleich von verfügbaren und benötigten Arbeitsmitteln für ein oder mehrere Projekte, automatische Kostenverdichtung über die Projektstruktur.

Ausgegeben werden folgende Listen und Grafiken:

Umfangreiche Standardlisten, Termin-, Kosten- und Einsatzmitteldiagramme, umfangreiche Kostendiagramme in Kurven-, Säulen- und Kreisdiagrammdarstellungen, Einsatzmitteldiagramme, Meilensteinplandarstellungen, Balkenplan mit Kennzeichnung des Fertigstellungsgrades, Management-Grafiken.

DPS-DIAMANT kann gekauft oder gemietet werden, wobei ein entsprechender Lizenzvertrag abzuschließen ist. Die beschreibenden Texte zu den Vorgängen sind in ihrer Größe nicht beschränkt. Soll das Programm im Netzwerk betrieben werden, so wird dies unterstützt durch Novell Netware oder Token Ring.

Eine Mindestvoraussetzung bezüglich der Grafikkarte ist nicht gegeben, da das Programm sowohl mit Herkules, CGA, EGA als auch mit VGA funktionsfähig ist. Als Drucker können grafikfähige Matrix- und Laserdrucker in den Größen DIN A4 bis DIN A3 eingesetzt werden. Es sind farbige Plott-Ausgaben bis DIN A0 möglich.

Weitere Informationen werden in folgendem Schrifttum gegeben: [B5, M1, P5].

4.1.9   GRANEDA Personal für Windows GPW

Das Programm ist eine Weiterentwicklung der GRANEDA Personal DOS-Version mit erweitertem Funktionsumfang. Die Windows-Oberfläche mit ihren Pulldown-Menüs, Dialogfenstern, Bildlaufleisten, Druckvorschau etc. garantiert einen schnellen, intuitiven Einstieg in das Programm.

Über eine umfangreiche Menüstruktur lassen sich alle Grafiken vielfältig modifizieren. Die große Zahl der grafischen Gestaltungsmöglichkeiten gestattet dem Benutzer die Erstellung individueller Grafiken und die Anpassung an alle denkbaren betrieblichen Anforderungen. Die grafische Ausgabe erfolgt über Bildschirm, Plotter, Matrix- und Laserdrucker. Die zur grafischen Darstellung erforderlichen GRANEDA-Module können einzeln oder zusammen (integrierte Version) eingesetzt werden.

Mit dem Programm GPW lassen sich auf dem PC die folgenden hochwertigen NPT-Grafiken für das Projektmanagement erstellen:

• Vorgangsknoten- und Vorgangspfeil-Netzpläne

• Balkenpläne (mit und ohne Vernetzung)

• Projektstrukturpläne (Organigramme)

• Managementgrafiken (Kosten-/ Kapazitäts-/ Kreisdiagramme)

• Meilensteintrend-Analysen.

Die darzustellenden Planungsdaten werden über integrierte Schnittstellen aus Windows-Planungssystemen wie MS-Project, CA-SuperProject und Time Line übernommen. Das Layout der einzelnen Grafiken läßt sich über Formulare flexibel gestalten, speichern und jederzeit wieder abrufen.

Weitere Informationen werden in folgendem Schrifttum gegeben: [23, 24, B5, M1, P14].

4.1.10   INTEPS-GPI

Bei diesem Programm der Firma Brankamp System Produktionsplanung, handelt es sich um ein komplettes PPS-System für den Einzel- und Kleinserienfertiger.

Diese Software ist für eine Auftrags- und Vertriebssteuerung konzipiert. Man kann dieses Programm sowohl auf PC als auch auf Großrechnern laufen lassen. Ein Coprozessor ist für den Betrieb des Programmes nicht erforderlich, bei Grafikausgaben ist es jedoch empfehlenswert einen Coprozessor zu installieren.

Das Programm zeichnet sich durch folgende Merkmale und Funktionen aus:

• Die Basis für die Kapazitätsgrobplanung sind auftragsneutrale Belastungsprofile, die für typische Erzeugnisse in einer separaten Datei verwaltet werden.

• Die Belastungen durch den vorhandenen Auftragsbestand und der geplante bzw. erwartete Bestand durch neue Aufträge wird im Dialog angezeigt und zusätzlich als Liste ausgedruckt.

• Aufträge und Projekte, die in der Auslastungsübersicht explizit als Belastungsverursacher erkennbar sind, können im Dialog angekreuzt und dargestellt werden.

• Zuordnung der Belastungsprofile zu dem jeweiligen Netzplanknoten erfolgt über eine sog. Schlüsseldatei.

• Zeitpunkt und Dauer einer Netzplantätigkeit (Netzplanknoten) bilden automatisch den terminlichen Rahmen für den Belastungsverlauf.

• Aktueller terminliche Stand der einzelnen Aufträge, Projekte, Baugruppen, Teilprojekte und deren einzelne Tätigkeiten bewirkt automatisch eine termingerechte (tagesgenaue) Zuordnung der Belastungswerte.

• Liefertermineermittlung unter Berücksichtigung von frei definierbaren Kapazitätsgrenzen für alle oder für einzelne Kapazitätseinheiten, z.B. nur für Engpaßkapazitäten.

- Neu-Anlegen, Anzeigen, Ändern und Löschen von Kapazitäts-einheiten-Daten.

- Strecken/Stauchen der Durchlauffrist mit automatischer Verände-rung der Belastungsprofile im Dialog.

- Verändern der Belastungsprofile im Dialog mittels Belastungs- und Mengenfaktor.

- Tagesgenaue Ermittlung der Personalzahl auf Basis des Kapazi-tätsbedarfes und der verfügbaren Kapazität proTag.

Die Daten können über 100 verschiedene Masken erfaßt und ver-arbeitet werden. Der Bildschirm muß über eine EGA- bzw. VGA-Karte verfügen.

Weitere Informationen werden in folgendem Schrifttum gegeben: [25, B5, M1, P2].

4.1.11   MS Project für Windows

Als ein vollkommen neues System versteht sich diese Software für Windows. Sie läuft als Applikation ab der Benutzeroberfläche Win-dows 3.0.

In mehreren gleichzeitig geöffneten Fenstern können verschie-dene Ergebnisse und Diagramme (bis zu 11 verschiedene Ansich-ten) verglichen werden. Win-Project bietet auch ein Balkendia-gramm, den PERT-Netzplan sowie eine Säulengrafik, in der die Be-lastungen der Ressourcen dargestellt werden. Außerdem erlauben verschiedene Tabellen jederzeit einen klaren Überblick über Ko-sten, Ressourcen und Vorgänge.

Die einzelnen Balken des Balkendiagramms sind je nach Ausfüh-rungszustand und Status farbig. Die Farbtöne lassen sich dabei frei definieren. Um einen Balken zu verändern, etwa sein Anfangs- oder Enddatum zu verschieben oder das Maß seiner Ausführung zu modifizieren, kann er mit der Maus gegriffen und verschoben wer-den. Dabei erscheint ein kleines Fenster, das die Werte vorsorglich auch in Zahlen angibt. Um das Netzplandiagramm in den Griff zu bekommen, kann man es verkleinern oder sein Layout verändern.

Für die Eingabe von Daten stehen vorbereitete Masken zur Verfü-gung, die sich auch eigenen Bedürfnissen anpassen lassen. Will man etwas eingeben, was an anderer Stelle bereits vorhanden ist, braucht man nur in einem Pulldown-Menü den gewünschten Inhalt zu wählen und in das eigene Eingabefenster zu kopieren.

Hierarchische Strukturen können durch Teilung in beliebig viele Ebenen gegliedert werden. Zwar fehlt ein Baumdiagramm, das die Übersichtlichkeit erhöhen würde, jedoch erfolgt die Ausführung einer Gliederung in der Vorgangsliste so übersichtlich und einfach, daß es kaum zu Fehleingaben kommen dürfte. Berichtsfunktionen werden ausreichend unterstützt. Jede Bildschirmausgabe läßt sich direkt drucken, verschiedene Filterfunktionen erlauben eine Beschränkung der Ausgabe auf das Wesentliche.

Schon bei der Dateneingabe erhält der Benutzer auf Wunsch Auskunft über die Wirkung neuer Daten; das Programm berechnet jede Eingabe sofort und zeigt die Resultate an. Der Vorteil der Methode ist, sie offenbart sofort Fehler bei der Auslastung der Ressourcen und hält den Planer über Zeit- und Kostenplanungen auf dem Laufenden.

Das Programm zeichnet sich durch seine übersichtliche und bedienerfreundliche Handhabung aus, so daß man sich auf die eigentliche Arbeit konzentrieren kann, ohne sich an Tastenbelegung und Funktionsaufrufe erinnern zu müssen. Für einen erhöhten Arbeitskomfort wird ein mindestens 16 Zoll großer Monitor mit einer Grafikauflösung von mindestens 800 x 600 Bildpunkten empfohlen.

Weitere Informationen werden in folgendem Schrifttum gegeben: [5, 21, 23, 25, 47, B5, M1, P13].

4.1.12   On Target für Windows

Das vom Softwarehaus Symantec angebotene Programm ist als Einstiegsprodukt für den angehenden Projektmanager gedacht. Es handelt sich hierbei um ein formulargesteuertes Programm. Das Programm bietet einen schnellen Einstieg in die Projektplanung unter Windows 3.0 und höher, durch eine Reihe ausgefeilter Hilfsmittel. Das Programm verfügt über eine Sammlung von Beispielprojekten, die als Lernhilfe und Muster verwendet werden können. Das Planungshilfe-Fenster begleitet den Benutzer durch die gesamte Planungsphase eines Projektes. Diese Software verzichtet bewußt auf die Fachterminologien des klassischen Projektmanagements. Statt dessen erlauben die einfache Sprache, Pulldown-Menüs, gleichzeitiges Arbeiten in mehreren Fenstern, direkte Manipulationen in allen Fenstern, eine einfache Bedienung in der vertrauten Umgebung von Windows.

Die erste Arbeitsfläche ist das Vorgangsfenster. Links befindet sich der Tabellenteil mit Namen, Datum, Dauer, Kosten und weiteren frei definierbaren Spalten, während auf der rechten Seite die dazugehörigen Balkendiagramme sichtbar sind. Projekte können zunächst skizziert und danach entweder in den Vorgangsspalten oder den Balkendiagrammen weiter gegliedert und zueinander in Beziehung gesetzt werden.

Ressourcen können einerseits als Verantwortliche, andererseits als Kostenfaktoren eingesetzt werden. Auslastungsgrafiken werden parallel zur Balkengrafik eingeblendet. Der individuelle Ressourcen-Kalender bezieht Urlaubs- und Krankheitstage der Mitarbeiter in die Kalkulation ein. Vorgangsformulare und Notizblätter nehmen zusätzliche Informationen zu den einzelnen Vorgängen auf, stehen auf Anklicken bereit oder können geöffnet und an irgendeiner Stelle der Arbeitsfläche abgelegt werden. Durch Anklicken des Verbindungsformulars werden innerhalb des Balkendiagramms zeitliche Abhängigkeiten der Vorgänge zueinander eingetragen.

Um wichtige Vorgänge hervorzuheben kann man aus einer Reihe von Schriften und Fonts wählen, kombiniert mit verschiedenen Farben und Graustufen. Das Programm unterstützt 16 Vorder- und über 20 Hintergrundfarben. Mit dieser Software lassen sich Daten aus vielen bekannten Tabellenkalkulations-, Datenbank- und Textverarbeitungsprogrammen importieren und exportieren. Direkte Verbindung besteht zur Symantec- und Time Line-Software. Bildschirminhalte lassen sich in die Windows-Zwischenablage kopieren, um von dort in Textverarbeitungsprogramme, wie beispielsweise Symantec-Just-Write, eingebunden zu werden.

Das Programm ermöglicht einen Projektausdruck im Kalender-Format. Die WYSIWYG Druck-Vorschau erlaubt die detaillierte Ansicht des Ausdrucks noch auf dem Bildschirm. Die Ränder des Reports können individuell gestaltet werden. So kann man z.B. eckige oder abgerundete Kanten, dicke oder dünne Begrenzungslinien auswählen. Wie Time Line bietet auch On Target die Möglichkeit, den Druck passend auf eine Seite zu verkleinern bzw. zu vergrößern. Es werden nicht nur Schablonen für den Ausdruck mitgeliefert, sondern der Benutzer kann auch seine individuellen Schablonen erstellen und diese in einer Bibliothek ablegen. Es unterstützt alle Drucker, Plotter und Netzwerke von Windows; bei größeren Projekten wird ein CO-Prozessor empfohlen.

Weitere Informationen werden in folgendem Schrifttum gegeben:
[5, 23, 47, 55, 62, B5, M1, P22].

4.1.13   PARISS ENTERPRISE

Diese Software ist die stark weiterentwickelte Nachfolgeversion von
VIEW POINT 5.

Der neue Name ENTERPRISE betont die starke Ausrichtung der
Nachfolgeversion und der Produktfamilie PARISS auf unternehmensweite Projektabwicklung. Das Programm ist ein professioneller
Projektmanager der oberen Leistungsklasse für Multiprojekt-Umge-
bungen in PC-LAN's. Die Eingabe der Vorgänge wird in Eingabe-
fenstern vorgenommen und dann zu einem PERT-Netzplan verknüpft. Es besteht aus zwei Teilen: dem Projektmanagement-Modul
und dem Grafik-Modul für Projektgrafik in Präsentationsqualität.

Das Programm ist aufgrund seiner Funktionalilät und Kapazität
ein leistungsfähiger Projektverwalter mit einer unbegrenzten Anzahl
von Unterprojekten, Ressourcen, Verbindungen und Kalendern.
Aufgrund seiner intuitiv verständlichen und komfortablen Benutzeroberfläche ist es ein Managementinstrument der Kommunikation,
Entscheidungsfindung und Konfliktlösung.

Zunehmend beeinflussen direkte Projektkosten die Planung und
Steuerung der Projekte. Rechtzeitige, auf der Basis genauer Projektdaten getroffene Entscheidungen helfen, das Entstehen von ver-
meidbaren Mehrkosten, wie Fehleinsatz von Ressourcen, Vertrags-
strafen wegen Terminüberschreitung, vorzeitige Materialdisposition,
Lagerkosten und ähnliche zu verhindern. Sie bringen darüber hinaus nicht unwesentliche finanzielle Vorteile.

Alle erarbeiteten Planungsmodelle, wie Ablaufvarianten, Arbeitspakete, Teilprojekte, Ressourcen-Pools, Kostenstellen und Berichts-
schablonen können in zentralen Bibliotheken abgelegt und im PC-
Netzwerk unternehmensweit gemeinsam genutzt werden. Einmal
festgelegte Standards helfen dabei, die Projektplanung effektiver,
konsistenter und genauer durchzuführen und in den kritischen
Projektphasen festgelegte Qualitätskontrollen zu berücksichtigen.

Mit dem Projekt-Modul können im einfachen, mausgesteuerten
Dialog qualitativ hochwertige Grafiken zur Dokumentation und Präsentation der Projektsituation in nahezu allen bekannten Darstellungsarten der Netzplantechnik erstellt werden. Das Grafikmodul ist
so konzipiert, daß es parallel vom Projektsekretariat bedient werden

kann. Dabei werden einmal unter dem Gesichtspunkt der *Corporate Identity* vereinbarte Layouts in allen gebräuchlichen Projektdarstellungsarten erstellt und immer wieder verwendet.

Die Grafiklayouts mit allen grafischen Vorgaben, wie Schrift- und Farbenauswahl, Netzplangestaltung, Auswahl der angezeigten Informationen, Einblenden zusätzlicher Bilder, Firmenlogos und Texte und vielem anderen mehr, können in Bibliotheken gespeichert und fortwährend in der ganzen Projektgruppe gemeinsam genutzt werden.

Das Programm erlaubt eine flexible Definition der Einsatzmittel und deren Planungseinheiten. Menschen, Maschinen, Material und Geldmittel können projektgetreu eingeplant, überwacht und deren Einsatz ergebnisorientiert gesteuert werden. In übersichtlichen Histogrammen kann der Projektleiter die Auslastung der Ressourcen und Kosten während des Projektverlaufs sowohl detailliert als auch kumuliert verfolgen und durch eine *Was-wäre-wenn*-Simulation der Kapazitätsverteilung mögliche Ablaufvarianten untersuchen.

Projektdaten aus dieser Software können in anderen Anwendungen integriert und umgekehrt, relevante Daten aus anderen Anwendungsprogrammen importiert werden. Auch die klassischen Berichte in Listenform kommen in ihm nicht zu kurz. Dem Anwender steht eine Vielzahl von Standardberichten zur Verfügung. Mit dem Berichtgenerator kann er sich beliebige, eigengestaltete Berichtslisten erstellen.

Die Projektstruktur des Programmes kann den organisatorischen Anforderungen der Projekte im Unternehmen angepaßt werden. Diese Strukturierung hilft, Details zu beachten und vermeidbare Verzögerungen frühzeitig zu erkennen und durch geeignete Maßnahmen entsprechende Konsequenzen rechtzeitig zu ziehen.

Weitere Informationen zu diesem Programm werden in folgendem Schrifttum gegeben: [47, B5, M8, P8].

4.1.14   PRIMAVERA Project-Planer

Das Programm ist eine umfassende Projektplanungs- und Steuerungs-Standardsoftware. Das bedeutet, daß der Anwender in der Lage ist, das System zu installieren und unmittelbar an die Lösung seiner Projektmanagementaufgabe heranzugehen, ohne zuvor in irgendeiner Weise programmiertechnisch tätig zu werden. Diese Philosophie macht Software zu einer berechenbaren Größe, da keinerlei Folgekosten durch hochspezialisiertes Programmierpersonal entstehen. Das System bleibt wartbar und weiterentwickelbar. Größter Wert wurde auf einfache Bedienbarkeit gelegt, und das Programm ist daher in kurzer Zeit erlernbar.

Das Programm hat sich auf Grund seiner Leistungsmerkmale innerhalb der letzten vier Jahre in Deutschland als führendes PM-System auf dem Markt positioniert. Es wird im Bereich Luft- und Raumfahrt, Pharmaentwicklung und Automobilbau sowie im Bereich Anlagenbau und Bauwesen eingesetzt. Mehr und mehr zeichnet sich ab, daß Projektmanagementsysteme auf Grund ihrer Wichtigkeit für das Unternehmen die Fähigkeit besitzen müssen, mit beliebigen anderen Systemen Daten auszutauschen. Bisher war Funktionalität wie sie heute mit dem Programm zur Verfügung steht, datenbankähnlichen frei programmierbaren Systemen vorbehalten, deren Entwicklungs- und Pflegeaufwand sich in erheblichen Höhen bewegt.

Das Programm vereint die Vorzüge frei programmierbarer Systeme mit der Wirtschaftlichkeit von Standardsoftware. Es steht für hochleistungsfähige, wirtschaftliche Software für die großen Ansprüche heutiger und zukünftiger Projekte.

Die Steuerung des Programms erfolgt entweder über Auswahlbildschirme oder über eine am unteren Bildschirmrand befindliche Kommandoleiste. Bei den Auswahlmenüs wird eine Liste von möglichen Optionen angezeigt, die durch Eingabe der entsprechenden Zahl bzw. des entsprechenden Buchstabens aktiviert wird.

Als Folgen werden alle Anordnungsbeziehungen außer der Sprungfolge unterstützt. Jedem Vorgang können im entsprechenden Fenster auch beliebig viele Ressourcen zugeordnet werden. Dabei kann auf bereits definierte Einsatzmittel zurückgegriffen werden oder ihre Definition wird erst später bestimmt. Außerdem können die Kosten noch in Kategorien und Kostenarten eingeteilt werden. In diesen umfangreichen Möglichkeiten zur Kostenverfolgung liegt die Stärke des Systems. Als weiterer Vorteil des Produktes ist sein Berichtswesen anzusehen. Zahlreiche Berichte sind vordefiniert.

Bei den Vorgängen können sogenannte *Activity-Codes* angegeben werden, so daß die Vorgänge zusätzlich klassifiziert werden. Bei umfangreichen Projekten ist beispielsweise eine Einteilung nach dem Ort der Ausführung, nach der Phase des Projektes etc. denkbar. Diese Klassifizierung kann bei den entsprechenden Berichten herangezogen werden.

Weitere Informationen werden in folgendem Schrifttum gegeben:
[20, 21, 25 B5, M1, P10].

4.1.15   Project Manager Workbench für Windows PMW

PMW für Windows steht für die professionelle Planung und Steuerung von Projekten, sowie eine effektive Analyse unter der grafischen Windows-Oberfläche. Projektleiter und -manager finden hier ein leistungsfähiges und vor allem sehr flexibles Programm.

Hoher Bedienungskomfort und eine vorzügliche Integration in die Windows-Umgebung sind Kennzeichen des Programmes. Alle typischen Windows-Aktionen - wie Ziehen oder Klicken mit der Maus - lassen sich so durchführen, wie man es unter der grafischen Oberfläche erwartet: Ressourcen und Ansichten werden durch Anklicken zugewiesen; Dialogfenster zur detaillierten Bearbeitung eines Elements öffnen sich nach einem Doppelklick auf die Vorgänge oder die verfügbaren Mittel. Vorgänge lassen sich durch Anklicken und Ziehen des Verbindungssymbols verknüpfen. Zeitachsen, Start- und Endtermine können direkt in den entsprechenden Darstellungen beeinflußt werden, indem man sie mit der Maus verschiebt.

Wichtige Funktionen sind ohne Umweg über Menüstrukturen mittels einer Symbolleiste zugänglich. Die Palette kann vom Anwender ganz nach den eigenen Anforderungen konfiguriert werden. So ist es z.B. möglich, häufig verwendeten Ansichten Symbole zuzuweisen, um die Projekt-Views schnell auf den Bildschirm zu holen. Die Darstellung aller Elemente der Projektplanung kann individuell und detailliert verändert werden. Dabei lassen sich Attribute, wie Farben, Schriftarten, Schraffierungen für Netzknoten, Vorgänge und andere Planobjekte differenziert festlegen. PMW erlaubt es sogar, neue Elemente zu definieren und entsprechend den Planungserfordernissen zu gestalten.

Schaltzentrale des Programms ist die Ansichtenbibliothek, die die verschiedenen Projektansichten in vier Untergruppen zusammenfaßt: In Hauptansichten (dazu gehören die bekannten Darstellungsarten Gantt-Diagramm und Netzplan) sowie Views für Planung, Kontrolle und Analyse. Die Software ist von Haus aus mit vierzig verschiedenen Ansichten ausgestattet, die in fünf Bibliotheken gespeichert und jederzeit greifbar sind.

Diese Views stellen jedoch nur ein Grundgerüst dar und können vom Anwender erweitert, ergänzt und verändert werden. Dadurch gewinnt das System eine große Flexibilität für die verschiedensten Anforderungsprofile und läßt sich an unternehmensspezifische Planungsmethoden anpassen. Mitarbeiter des Projektteams können so auf die Ansichten zugreifen, die für sie relevant sind, ohne sich mit anderen Informationen auseinandersetzen zu müssen.

Auf diese Weise ist es ohne weiteres möglich, Ansichten für spezielle Fragestellungen zu entwerfen, etwa zur Darstellung von Vorgängen mit hohem Risiko, von kritisch verspäteten Vorgängen oder der Ressourcenleistung für bestimmte Projektphasen. Auch die Analyse der Kostenentwicklung läßt sich so entsprechend den Anforderungen ausführen. Zu jeder Ansicht kann der Benutzer das Layout, die Sortierung, einen Filter zur Auswahl bestimmter Daten und eine Beschreibung festlegen.

Bis zu 25 Ansichten lassen sich für ein Projekt gleichzeitig laden. Nimmt der Anwender in einer der Darstellungen Änderungen vor, so aktualisiert das Programm automatisch die anderen Views. Im Netzwerk sind die Bibliotheken allen Benutzern zugänglich, so daß Planungsteams aufgabenspezifische Ansichten gemeinsam verwenden können. Beziehungen zwischen den Vorgängen lassen sich direkt im Netzplan eintragen. Auch der Netzplan kann nach beliebigen Kriterien sortiert werden, beispielsweise nach Starttermin oder nach Ressourcen. Dadurch kommen unterschiedliche Netzplanstrukturen zustande, die die jeweils relevanten Zusammenhänge verdeutlichen. Mehrfache Zoom-Stufen, die durch Symbole abrufbar sind, verhelfen in großen Projekten rasch zur Übersicht.

Als System für größere Planungsaufgaben legt es viel Wert auf die Gliederung von Projekten. Vorgänge können hierarchisch in Aufgaben und Phasen zusammengefaßt werden, Unter- und Masterprojekte lassen eine beliebig tiefe Strukturierung zu. Auch andere Vorzüge fallen erst bei großen Vorhaben und bei der Arbeit mit mehreren Projekten ins Gewicht. So erlaubt es PMW, die Ressourcen projektübergreifend zu koordinieren und zwischen den Projekten zu transferieren.

Für die Übersicht über verschiedene Planungsvorhaben stellt das Programm spezielle Ansichten bereit. Dadurch ist es möglich, Projekte unternehmensweit zu überwachen. An Grenzen stößt PMW erst, wenn es um die Koordination internationaler Projekte geht, denn verschiedene Währungen können bei der Kostenplanung nicht berücksichtigt werden.

Das Programm versteht sich nicht nur als Planungsinstrument, es stellt auch umfangreiche Tools für die Projektsteuerung zur Verfügung. Wie schon die DOS-Version erlaubt PMW-Windows die dynamische Anpassung der Planung im Verlauf eines Projekts. In kritischen Situationen wird der Anwender automatisch gewarnt, parallele Projekte werden konsolidiert, Ressourcen neu verteilt. Auch die Projektverfolgung erfolgt mit individuell anpaßbaren Ansichten. So können je nach Bedarf bestimmte Situationen hervorgehoben werden.

Während die Mehrzahl der Projektplanungsprogramme ebenso wie frühere PMW-Versionen nur zwischen Planungs- und Ist-Daten unterscheiden können, führt PMW für Windows als dritte Ebene die vorläufigen Ist-Daten ein. Damit kommt das Programm den Erfordernissen größerer Planungsteams entgegen und erlaubt es, zwischen der Erfassung von rückgemeldeten Ist-Daten und deren Genehmigung durch den Projektleiter zu trennen. Die Projektverfolgung wird damit zeitnaher und genauer.

Der enge Praxisbezug des Programms zeigt sich nicht zuletzt darin, daß es unvollständige Planungsschritte besonders berücksichtigt. So zeigt die Projektansicht *fehlende Plandaten*, die Vorgänge an, für die noch Daten eingegeben werden müssen, um eine gültige Planbasis zu erstellen. Andere Ansichten der Gruppe *Analyse* machen Abweichungen von den Zeit- oder Kostenplanungen sichtbar und erlauben es, die Indizes für Leistung und prozentuale Fertigstellung eines Projekts zu berechnen. Die Windows-Ausgabe von PMW arbeitet nahtlos mit der DOS-Version, die es seit 1984 gibt, zusammen. Beide Programme können auf dieselben Daten zugreifen.

Weitere Informationen werden in folgendem Schrifttum gegeben: [8, 23, 25, 36, 37, 47, B5, M1, P6 + P12].

4.1.16   Projekt-Planungs- und Steuerungs-System PPS 3-PC

Das Programm wurde für den Einsatz auf Personal-Computern entwickelt.

Diese Software unterstützt die Planung, Steuerung und Überwachung von Programmen, Systemen und Projekten. Es ist ein modulares, dialogorientiertes Programmsystem auf der Basis der Netzplantechnik. Die Software unterstützt besonders hierarchische Strukturen und dezentralisierte Planungsaktivitäten.

Das Programmsystem weist folgende Funktionen auf:

- Netzplananalyse
- Terminplanung, Terminkontrolle
- Kostenplanung, Kostenkontrolle
- Ressourcenplanung, Ressourcenkontrolle
- Betriebsmittelplanung, Betriebsmittelkontrolle
- Mehrkalenderplanung
- Verdichtung und Übertragung von Informationen in beliebige Strukturen
- flexible Datenformate
- teilweise beliebig lange Datenfelder
- Datenmanagement im Maskendialog oder Befehlsdialog
- Daten-Import/Export mit der Grafik-Software GRANEDA.

Mit diesem Programm lassen sich Projekte mit bis zu 3.000 Vorgängen bearbeiten. Außerdem ist ein schneller Datenaustausch zur PPS3-Familie auf Mini- und Mainframerechnern möglich. Die Selektions-/Sortiermöglichkeiten für Vorgänge betreffen sämtliche Datenfelder, wobei auch Teilfelder angegeben werden können.

Weitere Informationen werden in folgendem Schrifttum gegeben: [38, B5, M1, P7].

4.1.17   Project Outlook für Windows

Das Wesentliche dieses Projektmanagement-Programms ist die Zeitplanung. Die Eingabe der Struktur erfolgt hierarchisch, d.h. einmal eingegebene Hierarchie-Ebenen können später nicht mehr versetzt werden.

Die intuitive Benutzerführung durch die grafische Benutzeroberfläche MS Windows und die leichte Erlernbarkeit machen diese Software bei nur minimalen Hardwarevoraussetzungen (ab AT 286 mit 1 MB RAM) auch für Gelegenheitsanwender zum idealen Projektmanagement-Werkzeug. Eine Beschränkung auf die Koordination wichtiger Kerndaten wie Strukturen, Dauern, Pufferzeiten und kritische Pfade erleichtern auch bei zunehmender Projektkomplexität einfachste Handhabung.

Um seine Bedienerfreundlichkeit noch zu steigern, verfügt Project OUTLOOK über eine Toolbox d.h. schnelles und einfaches Projektmanagement durch realisierte Mausunterstützung bei Festlegung der Projektstrukturen, Terminierung von Vorgängen und Fortschreibung des Projektes. Die Perspektive bleibt auch bei steigenden Anforderungen - z.b. repräsentative grafische Aufbereitungen der Ergebnisse - durch das Anschlußprodukt SSPs PROMIS erhalten.

Wo Project OUTLOOK, um die Übersichtlichkeit zu forcieren, auf den single-user ausgelegt ist, erlaubt SSPs PROMIS die vollständige Kontrolle des Projektteams. Beide Programme lassen sich in LAN-Konzepte einbinden und kommunizieren über eine Software-Schnittstelle direkt miteinander.

Leistungsumfang:

- Gantt- und Outline-Darstellungen zur Visualisierung der Projektstrukturen

- Verbindungsoptionen mit positiven und negativen Abstandswerten für komplexe Projekte

- übersichtliche Darstellungen durch Zusammenfassen von Vorgängen beliebiger Ebenen

- integrierter Listengenerator zur anwenderformatierten Ausgabe

- Zoomfunktion zur Zeitskalierung von Perioden

- reduzierter Eingabeaufwand durch wahlweise Vorgabe von Standardwerten.

Die Engpässe werden mit der Critical Path Method ermittelt und als kritischer Pfad angezeigt. Simulationen möglicher Handlungsalternativen werden durch *Was-wäre-wenn*-Analysen vorgenommen. Außer diesem Programm für Windows, gibt es MS Project für DOS.

Weitere Informationen werden in folgendem Schrifttum gegeben: [47, B5, M1, P4].

4.1.18   Project Scheduler

Das Programm wird zur Termin-, Ressourcen- und Kostenplanung bzw. -verfolgung von Projekten verschiedenster Art eingesetzt. Es besitzt alle Funktionen einer leistungsfähigen Projektmanagementsoftware wie z.B. Projektstrukturplan, Gantt-Diagramm, Netzplan, Histogramm, Kostenkurve, Projektkalender, Ressourcenkalender, PERT-Analyse, Soll-Ist-Vergleiche, Berichte (Berichtsgenerator), automatischer und interaktiver Ressourcenausgleich und Outline-Funktionen.

Die Multiprojektverwaltung bietet die Möglichkeit, Unterprojekte zu definieren, Projekte zu verbinden, Projektgruppen zu bilden oder generell mehrere Projekte gleichzeitig zu betrachten und zu bearbeiten. Bei Projektstrukturplänen stehen bis zu 10 Ebenen zur Verfügung, bis zu 7.000 Vorgänge können verwaltet und bis zu 500 Projekte bearbeitet werden.

Im Vergleich zu anderen Netzplantechnik-Programmen bietet PS6 als Standardauswertungen zusätzlich einen *Was-wäre-wenn*-Vergleich sowie eine PERT-Kalkulation. Außerdem besitzt diese Software eine vollkommen grafische Benutzeroberfläche (Mausbedienung), bestehend aus Fenstern, Bildroll- und Menüleisten sowie Dialogboxen. Zudem kann eine zweite Perioden-Zeitachse aktiviert werden, um z.B. Kalenderwochen mit einzublenden. Alle gängigen Druckertypen und Plotter, die mit HPGL-Files arbeiten, können im Zusammenhang mit PS6 verwendet werden.

Weitere Informationen werden in folgendem Schrifttum gegeben: [23, 35, 47, B5, M1, P21].

4.1.19   PROWIS

Das Programm sollte dort eingesetzt werden, wo besonders viele und detaillierte Informationen verarbeitet werden müssen. Als integriertes Projektwirtschaftssystem unterstützt es alle Aufgabenbereiche der Projektabwicklung.

Durch Mehrplatzfähigkeit ist eine arbeitsteilige Anwendung der Software möglich. Die Integration der Daten und Arbeitsteilung in der Anwendung sind ein Ergebnis der Datenbanktechnik. Projektkaufleute nutzen das Programm für ihre spezifischen Aufgaben genauso wie beispielsweise das Unterlagenkontrollzentrum zur qualitätsgesicherten Verwaltung und Verteilung von Projektunterlagen.

Natürlich bietet es auch alle jene Leistungsmerkmale, die bei nahezu allen Projektmanagement-Systemen genannt werden: Termin-, Kosten-, Kapazitäten- und Einsatzmittelplanung. Die Vorteile des Programmes ergeben sich aus dem methodischen Ansatz der Bearbeitung und der möglichen Vielfalt von Daten, die verarbeitet werden können.

Herausragende Methoden, die von PROWIS unterstützt werden, sind:

- Vollständige und übersichtliche Strukturierung des Projektes durch bis zu fünf hierarchische Baumstrukturen, die interaktiv als Grafik am Bildschirm entwickelt werden können. Die Strukturbäume bilden die Grundlage für eine relationale Beschreibung von Vorgängen und Projektkostenstellen.

- Übernahme von Leistungsverzeichnissen und Zuordnung von Teilmengen und Teilleistungen, die positionsweise das Mengengerüst aller Lieferungen und Leistungen beinhalten.

- Prognoserechnungen für Fortschritt und zu erwartende Kapazitätsverteilung.

- Detaillierte Personal- und Gerätebedarfsplanung auf der Basis von geplanten Arbeitsmengen (Leistungsverzeichnissen) und hinterlegbaren betrieblichen Erfahrungsdaten.

- Verwaltung von Projektpersonal (eigen, fremd, Subunternehmen etc.).

- genaue Stundenschreibung mit Zuschlägen sowie Registrierung von unproduktiver Zeit (Krankheit, Urlaub) und Abrechnung gegenüber Auftraggebern oder Lohn- und Gehaltsstellen (Ausgabe von Stundenzetteln).

- Vielfältige, grafische Darstellungen über der Zeitachse bezüglich Personal- und Geräteeinsatz verfügbar, (Ist-Stunden, Überstunden, Bedarf, Urlaubspläne, betriebliche Personalbedarfsplanung etc.).

- Relationale Beschreibung von Projektkostenstellen mit flexiblen Berichtsmöglichkeiten z.B. Kostenstruktur aus der Sicht des Projektleiters, aus der Sicht des Kunden, aus der Sicht des Unternehmens-Controllings.

- Budgetkalkulation.

- Genaue Buchung von Ist-Kosten (Stunden, Rechnungen, Bestellungen).

- Berechnung und grafische Darstellung über der Zeitachse von Mittelbedarf/Mittelabfluß, Zahlungspläne, Arbeitswert, Ist-Kosten.

Die große Anzahl von grafischen Darstellungsmöglichkeiten wird ergänzt durch eine vollständige Integration des PM-Grafiksystems GRANEDA. Der flexible Listengenerator ist von jedem Anwender sofort bedienbar und ermöglicht alle Daten der Datenbank in nahezu jeder Form auszuwerten und darzustellen. Mit dem Zusatzbaustein PROFLEX können Datenbanken von jedem Anwender frei definiert werden, z.B. Masken, Felder, Berechnungen, Auswertungen. Dies ermöglicht alle in einem Projekt anfallenden Informationen zu verwalten die Registrierung und Verteilung von Unterlagen durch den Zusatzbaustein UVS zu ermöglichen.

Weitere Informationen werden in folgendem Schrifttum gegeben: [B5, M1, P15].

4.1.20   PSsystem

Für das Management von Projekten wird von der Firma PS SYSTEMTECHNIK ein Programm angeboten, das die Planung und Steuerung von Terminen, Kosten und Kapazitäten ganzheitlich unterstützt.

Das Programmsystem beinhaltet alle Projektmanagement-Aktivitäten von den ersten Planungsschritten in der Angebotsphase bis zur Projektabrechnung.

Im einzelnen umfaßt es folgende integrierte Bausteine:

• Projektablaufplanung

• Zeitplanung

• langfristige Kapazitäts- / Belastungsplanung

• Budget- / Kostenplanung

• Kapazitätsplanung

• Ablaufkontrollen und Fortschrittsberichte

• Kalkulation und Nachkalkulation

• Budgetüberwachung.

Als notwendiges Speichermedium wird sowohl eine 600 MB Festplatte, als auch ein 130 MB Streamer-Tape benötigt. Zusätzlich zu dem Soll-Ist-Vergleich ist als Ausgabestandard eine Simulationsmöglichkeit vorhanden. Ebenso stehen direkte Anbindungen an die Telefax-, Telex- und Teletex-Dienste der Telekom zur Verfügung, wobei als Voraussetzung ein Filetransfer-Programm vorhanden sein muß. Bei der Einbindung von relationalen Datenbanken werden vorzugsweise Informix und Oracle unterstützt.

Das Modul PSrouter ermöglicht den Transport und die Vermittlung von Daten über Rechner- und Datennetze. Die PSrouter-Software wird auf einem PC installiert, der zwischen Sender und Empfänger der Daten geschaltet wird. Diese Konstellation ermöglicht unter anderem den preiswerten Zugang zu öffentlichen Netzen z.B.

DATEX-P bzw. LANs und/oder realisiert eine Zugangs-/Zugriffskontrolle für einen der beteiligten Rechner (Hacker-Schutz). Sowohl die Dokumentationssprache, als auch die integrierte Hilfefunktion sind deutschsprachig.

Weitere Informationen werden in folgendem Schrifttum gegeben: [B5, P17].

4.1.21   Qwiknet Professional

Das von der Firma PSDI Project Software angebotene Programm ist besonders geeignet für die Einsatzmittel- und Kostenplanung. Es ist multiprojektfähig und bietet eine projektübergreifende Kapazitätsplanung. Die verfügbaren Einsatzmittel können in bezug auf die Gesamtheit aller Projekte optimiert werden. Qwiknet Professional arbeitet nach der CPM-Methode. Eine Maussteuerung ist integriert. Selektions- und Sortiermöglichkeiten für Vorgänge nach Vorgangsbezeichnungen, Einsatzmittel, Projekte etc. sind vorhanden.

Die Ausgaben erfolgen jedoch nur über den Bildschirm. Hierbei unterstützen Pulldown- und Fenstertechnik die Benutzerfreundlichkeit. Voreinstellungen können frei modifiziert werden. Das Programm bietet im einzelnen folgende Möglichkeiten: Termin- und Zeitplanberechnung optional nach der CPM-Methode oder unter Verwendung der Vorgangsknotentechnik, kapazitätsabhängige Multiprojekt-Berechnungen, Akkumulierung über alle Vorgänge und Projekte, Zeiten und Termine, Einsatzmittel, Kosten.

Die vier Arten von Anordnungsbeziehungen, also die Normal-, Anfangs-, End- und Sprungfolge, die positiven und negativen Zeitabstände, die variablen Zeiteinheiten, drei Arten von Terminbedingungen jeweils in Bezug auf Anfang oder Ende eines Vorgangs, Fixtermine, z.B. nicht früher als und nicht später als, zwei Soll-Zeitpläne zur Überwachung des Projektfortschritts, Fortschrittsmeldungen abhängig vom Stichtag, bestehend aus tatsächlichem Anfangszeitpunkt, tatsächlichem Endzeitpunkt, Fertigstellungsgrad in Prozent sind Bestandteil des Programmes.

Des weiteren bietet das Programm eine Zuteilung und Akkumulierung der Einsatzmittel über alle Projekte, zwei Möglichkeiten zur Berechnung von Terminplänen abhängig von der Verfügbarkeit der Einsatzmittel, termintreu und kapazitätstreu, Berechnung und Analyse der kapazitätsabhängigen Terminpläne in bezug auf 1 bis 250 Projekte auf einmal, und zwar abhängig von Kapazitätsgrenzen, Prioritäten der Vorgänge, Prioritäten der Projekte, Berechnung kapazitätsabhängiger Zeitpläne unter Berücksichtigung anderer, kritischer Projekte, Einsatzmittel-Code zur Erstellung von Einsatzmittelstrukturen, fünf Einsatzmittel-Einheiten, z.b. Mannstunde, Manntag, Mannwoche, Mannmonat und Stück, Definition der Einsatzmittel-Verfügbarkeit über der Zeit, linear oder nicht linear in bis zu sechs Intervallen; Einsatzmittel können definiert werden als verbrauchbar (z.b.: Material) nicht verbrauchbar (z.b.: Personal).

Zum Programm gehört auch die Kostenplanung, also die Erfassung der Kostenarten, die Fortschreibung des Einsatzmittel-Verbrauchs zu Vorgängen und Vorgangsgruppen, die Mittelabfluß-Analysen, alle Kostentypen: z.b.: Plankosten, Istkosten und Budget, differenzierte Budgets für alle Einsatzmittel je Vorgang, Kostenformulare, Einsatzmittelverfügbarkeit und Differenz (Soll/Ist), Projektkosten-Akkumulierung etc.

Weitere Informationen werden in folgendem Schrifttum gegeben: [47, 54, B5, M1, P16].

4.1.22   **Projektmanagementsoftware PS auf Basis R/3**

Bei dem von der Firma SAP angebotenen Programm SAP Projektmanagement /RM-Netzpläne /RK-Projekte /RK-Aufträge, handelt es sich, genauso wie bei dem Programm PSsystem der Firma PS SYSTEMTECHNIK, um kein reines Netzplantechnik-Programm.

Es werden folgende Module angeboten: Materialwirtschaft, Finanzbuchhaltung, Anlagenbuchhaltung. Das SAP-Projektmanagementsystem erreicht seinen vollen Umfang durch den integrierten Einsatz der Module /RK-Projekte /RK-Aufträge und /RM-Netzpläne. Mit Hilfe dieser Zusatzkomponenten wird der Datentransfer vorgenommen. Es besteht die Möglichkeit der Anbindung an die Telefax-, Telex- und Teletex-Dienste der Telekom. Standardmäßig können als Ausgabe Hochrechnungen vorgenommen werden. Die Ausgaben erfolgen bei SAP nur auf dem Bildschirm und über den Drucker, wobei die Größe der beschreibenden Texte unbegrenzt ist.

Weitere Informationen werden in folgendem Schrifttum gegeben: [B5, M1, P19].

4.1.23   SINET

Die verschiedenen Entwicklungsstufen von Netzplantechnikverfahren und Datenverarbeitung spiegeln sich auch in der jeweils höheren Leistungsfähigkeit der im Hause Siemens entwickelten Großrechner-NPT-Programmsysteme SINETIK 2002, SINETIK 3003 und SINETIK 4004 wider. Mit diesem Programm, einem System für die interaktive Anwendung der Netzplantechnik für Großrechner, ist der neueste Stand dieser Entwicklung erreicht.

SINET ist ein Programmsystem für die Projekt- und Auftragsplanung. Die hauptsächliche Anwendung des Programmes liegt darin, daß sich der Anwender mit der funktional umfassenden Anweisungssprache seine individuelle Projekt- bzw. Auftragsplanung erstellt.

Unabhängig vom Aufbau eines individuellen Planungssystems stehen dem Anwender folgende Planungs- und Verwaltungsfunktionen in Menueform zur Verfügung:

*   Terminplanung und Kontrolle

*   Ressourcenplanung und Kontrolle

*   Kostenplanung und Kontrolle

*   Verwaltung der Projekte und Aufträge

*   Schnittstellenverwaltung und Datenbankanschluß

*   Verwaltung standardisierter und individueller Ausgaben

*   Abrechnungsfunktionen

*   Auswertungen und Statistik.

Der große Funktionsumfang macht es möglich, eine betriebsindividuelle Integration des betriebswirtschaftlichen Datenflusses für Abrechnungen und diverse Auswertungen da zu erreichen, wo die anderen vorhandenen Anwenderprogramme an ihre Grenzen stoßen. Diese Integration durch eine SINET-Anwendung kann über die Funktionen der Projekt- und Auftragsplanung nach Belieben hinausgehen.

Weitere Informationen werden in folgendem Schrifttum gegeben [B5, M1, P20].

4.1.24   TERMIKON

Diese Software ist ein universell einsetzbares Planungssystem für hierarchisch strukturierte Projekte. Es eignet sich für die Planung, Kontrolle und Steuerung von Projekten jeglicher Art.

Im einzelnen wird das Programm für die folgenden Projekte eingesetzt:

- Software-Entwicklung
- F+E-Projekte
- Pharmaindustrie
- Automobilindustrie
- Maschinen- und Anlagenbau
- Elektro-, Energie- und Kommunikationstechnik.

Die Stärke des Programmes ist die Multiprojektplanung, also die Planung, Kontrolle und Steuerung des gesamten Projekt- bzw. Auftragsgeschehens eines Bereiches oder des Unternehmens.

Das TERMIKON-Grundmodul besteht aus den Funktionen: Projekt- und Kapazitätsdatenverwaltung, den Planungsverfahren, der Termin- und Kapazitätsplanung, der Terminplanung mit beliebig vielen Fixterminen bzw. Meilensteinen Alternativplanungen (Simulation) für Einzelprojekte als auch für alle Projekte. Visualisierung der Planungsergebnisse in Form von Netzplangrafiken, Balkenplänen, Belastungsübersichten.

Die Kostenplanung schließt die Kontrolle der Kostenentwicklung bei den Projekten durch Soll/Ist-Vergleiche ein. Durch die Hochrechnung der Kosten bei jedem Planungslauf kann eine frühzeitige Anzeige/Warnung drohender Kostenüberschreitungen (Frühwarnsystem) erfolgen.

Ein weiteres Modul liefert grafische Berichte, optimale Visualisierung der Planungs- und Kontrollergebnisse am Bildschirm oder auf üblichen Ausgabegeräten (Drucker, Plotter). Dargestellt werden farbige Netzpläne, Projektstrukturpläne, Organigramme, Balkenpläne, Kurven und Diagramme als Managementgrafiken. Mit dem Informationssystem lassen sich Informationen aus allen Dateien abrufen, miteinander verknüpfen, selektieren und sortieren sowie Berechnungen durchführen und die Ergebnisse mittels Listengenerator frei gestaltbar über den Bildschirm oder ein Endgerät als firmenspezifische Reports ausgeben. Auch eine Ausgabe des Reports über das Modul grafische Berichte ist möglich.

Die neue Version 4.0 bietet ein Modul GENARIS-TERMIKON an.
Hiermit läßt sich eine maßgeschneiderte Oberfläche erzeugen. Masken, Hilfetexte, Dialogabläufe etc. können user- bzw. usergruppen-
spezifisch ohne Programmierung direkt am Bildschirm vom Kunden
gestaltet bzw. geändert werden. Das Dialogfenster Zugriffsschutz,
differenziert Berechtigung des Systemzugangs z.b. für Einzelfunk-
tionen, Projekte, Kapazitäten bis zu einzelnen Datenfeldern, auch
ein inhaltsbezogener Zugriffsschutz ist vorhanden. Als offenes System ist das Programm leicht in andere Systeme z.b. BS, DBS,
Hardware integrierbar. Das neu entwickelte Import-Export-Modul
sorgt für die Datenkommunikation zwischen TERMIKON und anderen Anwendungssystemen (z.b. Rechnungswesen, Einkauf, PPS).

Die Software arbeitet mit Standardnetzplänen im Konstruktionsbe-
reich. Es können Teilnetzpläne abgespeichert und in einem Stan-
dardnetzplan eingebunden werden. Zur Zusammenstellung eines
neuen projektspezifischen Netzplanes aus Teilnetzplänen können
diese anhand der Projektbeschreibung aus einem Katalog ausgewählt, angepaßt und unter Hinzufügen weiterer Vorgänge und Folgen verknüpft werden. Auch Multiprojektplanungen sind möglich.

Weitere Informationen werden in folgendem Schrifttum gegeben:
[38, 53, B5, M1, P18].

4.1.25   Texim Project

Dieses Programm ist der Nachfolger des Projektmanagement-Programms Assure. Es basiert auf der GEM-Oberfläche. GEM-Anwen-
dern dürfte der Einstieg daher nicht schwerfallen. Für den Betrieb
wird ein mathematischer CO-Prozessor und ein EMS-Speicher empfohlen. Die Eingabe der Vorgänge erfolgt grundsätzlich auf der
Netzplan-Oberfläche, wobei sie hierarchischer Struktur ist. Der
Wechsel hingegen zwischen Netzplan, Gantt- und WBS-Diagram-
men oder auch in die OBS-Struktur mit darin integrierten Netzplan-
/Gantt-Darstellungen geschieht problemlos über die Button-Leiste.
TEXIM 2.0 ist ein professionelles Projekt-Management-System mit
zeitgemäßer, grafischer Benutzeroberfläche. Die Kombination von
hierarschischer Projektstruktur und Organisationsstruktur ermöglicht
Multiprojektplanung vom Basisnetzplan bis hin zu detaillierten Ab-
gleichsrechnungen unter Zuhilfenahme stochastischer Methoden.
Durch den Aufsatz auf MS Windows sind alle Ausgaben nach dem
WYSIWYG-Prinzip auf allen möglichen Geräten ausgebbar.

Das Programm liegt i.A. nur in englischer Version vor. Außerdem können Daten bzw. Diagramme nicht ausgeplottet werden. Die Software schließt Standardauswertungen, Soll-Ist-Vergleiche, *Was-wäre- wenn*-Vergleiche und PERT-Kalkulation ein.

Weitere Informationen werden in folgendem Schrifttum gegeben: [23, 47, B5, M1, P23].

4.1.26   Time Line für Windows

Diese Software bietet die Planung, Kontrolle und Präsentation für komplexe Projekte an, um Projekte rechtzeitig und kostengerecht fertigzustellen. Sie zeichnet sich durch einen hohen Bedienungskomfort aus, sodaß man sich in kürzester Zeit einarbeiten kann.

Eine große Anzahl von Beispielprojekten, die mitgeliefert werden, helfen beim Einstieg ebenso, wie der CO-Pilot, der als ständiger Begleiter die Logik des Projektes überprüft und gegebenenfalls mit Alternativvorschlägen zur Seite steht. Eine Symbolleiste am oberen Bildschirmrand bietet schnellen Zugriff auf Aktivitäten wie Drucken, Filtern, Formatieren u.a. Verschiedene Info-Boxen liefern zu jedem Vorgang Detailinformationen über Zeit, Ressourcen, Abhängigkeiten, Notizen etc.

Das Programm unterstützt die Dateisperre und läuft auf allen von Windows 3.0/3.1 unterstützten Netzwerken. Es kann auf einem einzelnen Computer oder als Serverversion eingesetzt werden. Das Programm erlaubt die Erstellung folgender Pläne: Projektstrukturplan, Netzplan, Ganttdiagramm, Multiprojektplanungen, Makros, Histogramme.

Im einzelnen ermöglicht das Programm die Planung von Ressourcen, Ressourcenausgleich. Die ausgefeilte Ausgleichsfunktion löst automatisch die Überlastung der Ressourcen. Es besitzt einen individuellen Ressourcenkalender und einen Verfügbarkeitskalender für jede einzelne Ressource. So werden z.B. Urlaubs- und Krankheitstage der Mitarbeiter mit in die Planung einbezogen.

Durch die automatische Maximierung der Ressourcenzuweisungen bei aufwandsgesteuerten Vorgängen kann eine genauere und kürzere Projektplanung erfolgen. Auch nur teilweise verfügbare Ressourcen können bereits für ein Projekt herangezogen werden, anstatt darauf zu warten, daß sie voll verfügbar sind. Dabei dürfen Projekte und Vorgänge höherer Priorität als erste auf die frei werdenden Kapazitäten zugreifen. Im Ressourcen-Histogramm werden die Verfügbarkeiten der einzelnen Ressourcen grafisch dargestellt. Ändern sich Kosten durch Inflation, neue Tarifverträge oder Verteuerung von Materialien, kann das in der Planung mitberücksichtigt werden.

Durch eine Konsolidierungsfunktion ist die Möglichkeit gegeben, mehrere Projekte zusammenzufügen, wobei auch Projekte aus Time Line 5.0 für DOS und On Target einbezogen werden können.

Die OLE-Funktion erlaubt die Integration von ganzen Dokumenten oder Spreadsheets aus OLE-fähigen Programmen.

Der Import und Export mit Konvertierung von vielen Dateien ist ein weiterer Vorteil. Mit Hilfe des Autoscales werden Ausdrucke automatisch auf Seitengröße oder auf individuelle Wünsche angepaßt. Spaltenüberschriften können individuell verändert und angepaßt werden.

Die Darstellungsform von Pufferzeiten, Basis-oder Meilensteinen können vom Anwender definiert werden. Das Programm verfügt über 6 verschiedene Markierungsfilter. Vorgänge, die die vorher definierten Bedingungen erfüllen, werden farblich hervorgehoben. Der Auswahlfilter zeigt nur die gefilterten Vorgänge an und blendet alles andere aus. Jeder Report kann vor dem Ausdrucken auf dem Bildschirm originalgetreu dargestellt werden. Außer diesem Programm für Windows, gibt es Time Line für DOS.

Weitere Informationen werden in folgendem Schrifttum gegeben: [10, 15, 20, 21, 25, 47, B5, M1, P22].

4.1.27   ViSual Planner für Windows

ViSual Planner erhebt einen neuen innovativen Anspruch an die Bedienungsfreundlichkeit von Projektmanagementsystemen. Der Anwender formuliert seine Projektdaten ähnlich der traditionellen Papier- und Bleistiftmethode unter Nutzung der grafischen Möglichkeiten, die Windows von Microsoft auf dem PC bietet. Das Programm arbeitet mit multiplen Fenstern, Pulldown-Menüs, Dialog-Boxen und grafischen Einträgen, deren Objekte direkt mit der Maus beeinflußbar sind.

Ausgehend nur von der Projektidee kann das Projektdesign durch eine Vielzahl von grafischen Optionen erstellt und überarbeitet werden. Die grafische Oberfläche des ViSual Planners erlaubt dem PM-Anwender eine höchst intuitive und leicht erlernbare Handhabung aller Projektdefinitionen. Selbst große, sehr komplexe Projekte lassen sich effektiv bearbeiten. Die einzigartigen Dialogmöglichkeiten erlauben eine simultane Änderung der Projektdaten direkt aus den verschiedensten grafischen Darstellungsformen heraus.

Mit Hilfe des grafischen Projekteditors, der mittels der Maus bedient wird, kann man den Aufbau und die Änderungen der Projektdaten vornehmen. Die Zeitskalierung im Netzplan definiert der Anwender. Alle Vorgänge und deren Beziehungen werden in einem Netzplan dargestellt. Mit dem Setzen von Filtern werden irrelevante Vorgänge ausgeblendet oder besondere Vorgänge/-Teilprojekte hervorgehoben. Pulldown-Menüs ermöglichen den schnellen Zugriff auf detaillierte Dialogboxen und sorgen somit für eine schnelle und leichte Dateneingabe. Im ViSual Planner ist das Bearbeiten komplexer Multiprojekte genauso einfach wie das Bearbeiten von Single-Projekten. Durch die Verwendung von hierarchischen Netzplänen kann sowohl ein Topdown- als auch ein Bottomup-Projektdesign erfolgen. Bereits erstellte Objekte werden natürlich in den Netzplan mit übernommen. Die Tiefe der hierarchischen Ebenen ist unbeschränkt.

Die Darstellung im Balkenplan ist zweiseitig aufgebaut. Auf der linken Seite werden die Daten in Tabellenform und auf der rechten Seite in Balkenform dargestellt. Im Chart-Diagramm werden die verschiedenen Vorgangszustände visuell unterschiedlich angezeigt. Ressourcenklassen und individuelle Ressourcen werden einem Vorgang zugeordnet.

Die Dauer der Vorgänge kann in Abhängigkeit des erforderlichen Arbeitsaufwandes aufwandsbezogen erfolgen. Der Anwender sieht seine Ressourcenauslastung grafisch angezeigt. Drag- und Droptechniken ermöglichen dem Anwender eine Alternativ-Ressourceneinsatzplanung über der Zeitachse. Vorgänge können neben den Ressourcenkosten auch Aufwands- und Umsatzdaten enthalten. Diese Daten werden über eventuell definierte Projekthierarchien summiert und über eine Kostensummenkurve grafisch angezeigt.

Im ViSual Planner ist eine Anzahl von Berichten vordefiniert, einschließlich grafischer Ressourcenauslastungsdiagramme und Kostensummenkurven. Selbstverständlich lassen sich auch individuelle Berichte erstellen.

Weitere Informationen werden in folgendem Schrifttum gegeben: [B5, M1, P9]

4.1.28   Weitere PC-Programme

TIMEDATA 5.1 ist ein am Markt bekanntes und bewährtes Softwarepaket zur projektbezogenen Zeiterfassung und Projektkostenkontrolle. Bei diesem Programm bestehen Schnittstellen zu Excel, CA-SuperProjekt, MS-Projekt und Primavera.

TDFAKT ist ein Fakturierungsmodul zur Projektabrechnung nach der HOAI, auf Nachweis oder nach Aufwand, inclusive Abschlagszahlungen, Auftraggeberverwaltung und Auftragsverfolgung [P3]. Monte Carlo 1.0 ist eine Projekt-Risikoanalyse und Simulationssoftware.

PARADE Version 3.0 ist eine Leistungsmessungssoftware zur Integration von Kosten- und der Zeitplanung. Beide Programme sind von der Firma INTEC GmbH, Landshut erhältlich.

Project Bridge Modeler von der Firma Hoskyns, Hamburg dient der Projektevaluierung von DV-Projekten.

PC-PROMAN von Hoffmann Industrie-Beratung, VS-Villingen, ist ein datenbankgestütztes Programmsystem, das alle Planungs- und Steuerungsaufgaben unterstützt.

Mit PowerProject von Management & Software im Bauwesen, Karlsruhe werden Terminpläne als vernetzte Balkenpläne erstellt.

PLANTA-Projektsteuerungs-System, ist eine modular aufgebaute Software, die von PLANTA Projektmanagement Systeme, Karlsruhe zu beziehen ist.

Planungs- und Steuerungssystem (PRACTI-PLAN), von GMO Nord, Gesellschaft für moderne Organisationsverfahren, Hamburg unterstützt als Einzel- und Multiprojektmanagement-System die gesamte Planung, Steuerung, Nachbereitung und Abrechnung von Klein- und Großprojekten.

4.2   Tabellarische Übersicht über NPT-Programme

In den folgenden Tabellen sind wichtige Auswahlkriterien für 27 Netzplanprogramme zusammengestellt, um eine schnelle und spezifizierte Aussage über unterschiedliche Merkmale der Programme zu geben. Im einzelnen werden differenzierte Angaben zur Hard- und Software gemacht. Beim Vergleich fallen erhebliche Unterschiede der Programme bei der Ressourcen- und Kostenplanung und beim Datenimport und -export auf.

Tabelle 4.2.1: Auswahlkriterien/Programme

Auswahlkriterien/Programme		ACOS PLUS . EINS	Artemis Schedule Publisher	Artemis Prestige für Windows	Artemis 7000 für Windows
Anbieter des Programms		ACOS GmbH	Lucas Management Systems	Lucas Management Systems	Lucas Management Systems
Abkürzung des Programms/Version		PLUS.EINS/5.0	Artemis Publisher/4.1L	Artemis Prestige/2.0	Artemis 7000/7.5.0
Art des Programms: PC/Mini/Großrechner		PC/Mini	PC	PC/Mini	PC/Mini
Betriebssystem/Rechner		DOS 3.2/UNIX, VMS, ULTRIX, AIX, SUNOS, HP UX, DOMAIN, XENIX	DOS ab 3.0/UNIX, OS/2, Windows 3.0	DOS ab 3.1, Windows 3.0, UNIX, DOS, VMS	DOS 3.1/VMS, HP UX, AIX, ULTRIX, UNIX, SUNOS
Hardware	Erforderliche Hardware	PC, VAX, Host	80386er Prozessor	80386er Prozessor	DEC, IBM, HP, SUN
	Netzwerkfähig mit	Novell, Netbios-kompatibel, SUN-NFS	ja	Novell, DEC NET, Banyan, Vines	Novell, DEC NET, Banyan, Vines
	Hauptspeicher	640 kB	4 MB	4 MB	abhängig vom Mengengerüst
Vorgangsknotentechnik/maximale Anzahl der Vorgänge		ja/32000	ja/12.000	ja/unbegrenzt	ja/unbegrenzt
Vorgangspfeiltechnik/maximale Anzahl der Vorgänge		nein	nein	nein	ja/unbegrenzt
Teilnetze/maximale Anzahl		ja/32000	ja/unbegrenzt	ja/unbegrenzt	ja/unbegrenzt
Projektstrukturplan		30	nein	beliebig	beliebig
Zahl der Kalender		100 (PC)/255 (Großrechner)	250	100	unbegrenzt
Ressourcen	Maximale Anzahl der Ressourcenarten	unbegrenzt	beliebig	unbegrenzt	unbegrenzt
	Maximale Anzahl der Ressourcen	32000	2.500	unbegrenzt	unbegrenzt
	Ressourcenausgleich	ja	ja, möglich	möglich	möglich
Kosten	Maximale Anzahl der Kostenarten	32000	beliebig	unbegrenzt	unbegrenzt
	Maximale Anzahl der Kostentabellen bzw. Kurven	unbegrenzt	3	beliebig	unbegrenzt
	Kostensplitzenausgleich	ja	ja	möglich	möglich
Unterscheidung zwischen fixen und variablen Kosten		ja	nein	ja	möglich
Datenimport und -export, Auswertungen	Datentransfer	dBase	Lotus, Excel, MS Project frei definierbar	Lotus, Excel, CSV-Formate	ORACLE, Ingres, Rdb
	Datenformate	ASCII, SQL, DXF	ASCII-Schnittstelle	SQL-,ASCII-Schnittstelle	SQL-,ASCII-Schnittstelle
Anzahl Berichte/Listen/Ausgaben		beliebig	beliebig	beliebig	beliebig
Erfahrungen mit dem Programm seit		1982	1990	1988/1992	1987

Tabelle 4.2.2:
Auswahlkriterien/Programme

Auswahlkriterien/Programme		Artemis Cplan für Windows	Artemis 7000 Plus	CA-SuperProject für Windows	DPS-DIAMANT
Anbieter des Programms		Lucas Management Systems	Lucas Management Systems	Computer Associates GmbH	Dornier-System GmbH
Abkürzung des Programms/Version		Artemis CPlan	Artemis 7000/1.0	CA-SuperProjekt/3.0	DPS-DIAMANT/3.3
Art des Programms: PC/MIN/Großrechner		PC/Mini	PC/Mini	PC/Mini	PC/Mini
Betriebssystem/Rechner		DOS 3.1/VMS, HP UX, AIX, ULTRIX, UNIX, SUNOS	DOS 3.1/VMS, HP UX, AIX, ULTRIX, UNIX, SUNOS	DOS ab 2.1/OS/2, VMS, AIX, UNIX, HP UX	DOS ab 3.0/UNIX, OS/2
Hardware	Erforderliche Hardware	DEC, IBM, HP, SUN	DEC, IBM, HP, SUN	4 MB RAM	80286er Prozessor
	Netzwerkfähig mit	Novell, DEC NET, Banyan, Vines	Novell, DEC NET, Banyan, Vines	Novell, IBM + MS LAN, DCA 10 NET, 3COM3, Banyan, Vines, AT&T Starlan	ja, alle marktfähigen Netze
	Hauptspeicher	mind. 2 MB, empfohlen 4 MB	mind. 2 MB, empfohlen 4 MB	640 kB	mindestens 640 kB
Vorgangsknotentechnik/maximale Anzahl der Vorgänge		ja/unbegrenzt	ja/unbegrenzt	nein	ja/99.899.001
Vorgangspfeiltechnik/maximale Anzahl der Vorgänge		ja/unbegrenzt	ja/unbegrenzt	PERT/20.000	ja/99.899.001
Teilnetze/maximale Anzahl		ja/unbegrenzt	ja/unbegrenzt	ja/beliebig	ja/1000
Projektstrukturplan		beliebig	beliebig	ja/beliebig	9
Zahl der Kalender		256	unbegrenzt	11	keine Angaben
Ressourcen	Maximale Anzahl der Ressourcenarten	unbegrenzt	unbegrenzt	2	keine Angaben
	Maximale Anzahl der Ressourcen	unbegrenzt	unbegrenzt	keine Angaben	keine Angaben
	Ressourcenausgleich	möglich	möglich	999	ja
Kosten	Maximale Anzahl der Kostenarten	unbegrenzt	unbegrenzt	4	keine Angaben
	Maximale Anzahl der Kostentabellen bzw. Kurven	unbegrenzt	unbegrenzt	keine Angaben	keine Angaben
	Kostenspitzenausgleich	möglich	möglich	ja	ja
	Unterscheidung zwischen fixen und variablen Kosten	möglich	möglich	ja	ja
Datenimport und -export, Auswertungen	Datentransfer	ORACLE, Ingres, Rdb	ORACLE, Ingres, Rdb	dBase, Lotus, Excel, CSV CA-SuperCalc	beliebig
	Datenformate	SQL-ASCII-Schnittstelle	SQL-ASCII-Schnittstelle	ASCII, CSV, Sylk, diverse	beliebig
	Anzahl Berichte/Listen/Ausgaben	beliebig	beliebig	beliebig	beliebig
Erfahrungen mit dem Programm seit		1993	1992	1984	1985

Tabelle 4.2.3:
Auswahlkriterien/Programme

Auswahlkriterien/Programme	GRANEDA Personal für Windows GPW	INTEPS-GPI Gesamtauftragssteuerung	MS Project für Windows	On Target für Windows
Anbieter des Programms	NETRONIC Software GmbH	Brankamp System GmbH	Microsoft	Symantec GmbH
Abkürzung des Programms/Version	GRANEDA Personal/1.0	INTEPS-GPI/6.0	MS-Project für Windows/3.0	On Target 1.05
Art des Programms: PC/Mini/Großrechner	PC/Mini/Großrechner	Mini/Großrechner	PC	PC
Betriebssystem/Rechner	DOS ab 2.0	UNIX, AIX	DOS ab3.0, Windows 3.0	DOS ab 3.0, Windows 3.0
Hardware: Erforderliche Hardware	alle MS-DOS Rechner	80386er Prozessor	80286er Prozessor	80286er Prozessor
Netzwerkfähig mit	unabhängig	Novell-Netware ab 2.11	allen Windows-kompatiblen	allen Windows-kompatiblen
Hauptspeicher	mindestens 256 kB	4 MB RAM	4 MB RAM	4 MB RAM
Vorgangsknotentechnik/maximale Anzahl der Vorgänge	ja/999	ja/unbegrenzt	ja/2000	ja/1500
Vorgangspfeiltechnik/maximale Anzahl der Vorgänge	keine Angaben	keine Angaben	keine Angaben	keine Angaben
Teilnetze/maximale Anzahl	keine Angaben	ja/beliebig	ja/250	keine Angaben
Projektstrukturplan	k.A.	10	10	99
Zahl der Kalender	1 Kalender pro Ressource	Werkstkalender, je Ressource	keine Angaben	1
Ressourcen: Maximale Anzahl der Ressourcenarten	8	2	keine Angaben	keine Angaben
Maximale Anzahl der Ressourcen	255	unbegrenzt	2000	unbegrenzt
Ressourcenausgleich	ja	ja	keine Angaben	keine Angaben
Kosten: Maximale Anzahl der Kostenarten	keine Angaben	4	keine Angaben	keine Angaben
Maximale Anzahl der Kostentabellen bzw. Kurven	keine Angaben	keine Angaben	keine Angaben	keine Angaben
Kostenspitzenausgleich	ja	ja	ja	keine Angaben
Unterscheidung zwischen fixen und variablen Kosten	ja	nein	keine Angaben	ja
Datenimport und -export, Auswertungen: Datentransfer	Projektplanungssysteme, PPS-Systeme, Datenbanken	GRANEDA	Excel, Lotus, dBase, WKS, WK1 und WK3, Artemis	Lotus, Time line
Datenformate	diverse	ASCII, VSAM	ASCII, MPX, CSV	ASCII, CSV
Anzahl Berichte/Listen/Ausgaben	beliebig	20	beliebig	keine Angaben
Erfahrungen mit dem Programm seit	1993	1989	1990	1991

Tabelle 4.2.4:

Auswahlkriterien/Programme	PARES ENTERPRISE	Primavera Project-Planer	Project-Manager-Workbench für Windows PMW	Projekt-Planungs- und Steuerungs-System PPS 3-PC
Anbieter des Programms	INFORMATIK-BERATUNG	INTEC GmbH	mbp GmbH/Hoskyns Group	IBBG Industrieanlagen Betriebsgesellschaft
Abkürzung des Programms/Version	PARES ENTERPRISE/1.0	Primavera Project-Planer/5.1	Project-Manager-Workbench/3.1	Projekt-Planungs- und Steuerungs-System /4.03
Art des Programms: PC/Mini/Großrechner	PC	PC/Mini	PC	PC
Betriebssystem/Rechner	MS-DOS ab 33 Windows 3.0	MS-DOS ab 2.0/OS/2	DOS ab3.0, Windows 3.0	DOS ab 3.2
Hardware — Erforderliche Hardware	XT, AT	XT, AT	XT, AT. PS/2	z.B. HP9000/B95 oder /325
Hardware — Netzwerkfähig mit	allen Windows-kompatiblen	Novell, DEC NET, Banyan, 3COM, IBM-TokenRing, DEC-Pathworks, MS LAN-Manager, AT&T Star Lan	allen Windows-kompatiblen PC-LAN	Novell
Hauptspeicher	4 MB RAM	512 kB	4 MB RAM	32 MB
Vorgangsknotentechnik/maximale Anzahl der Vorgänge	ja/32 000	ja/100000	ja/unbegrenzt	keine Angaben
Vorgangspfeiltechnik/maximale Anzahl der Vorgänge	PERT/32000	keine Angaben	nein	keine Angaben
Teilnetze/maximale Anzahl	32 000	ja/beliebig	ja/900	ja/beliebig
Projektstrukturplan	ja/32.000	20	4	20
Zahl der Kalender	beliebig	31 pro Projekt	Globale, Projekt-, Ressource	keine Angaben
Ressourcen — Maximale Anzahl der Ressourcenarten	32.000	bis 6 Verfügbarkeitsgrenzen	5 Ressourcenzuweisungen	keine Angaben
Ressourcen — Maximale Anzahl der Ressourcen	unbegrenzt	unbegrenzt	unbegrenzt	keine Angaben
Ressourcenausgleich	ja	ja	automatisch oder manuell	ja
Kosten — Maximale Anzahl der Kostenarten	beliebig	6	unbegrenzt	keine Angaben
Kosten — Maximale Anzahl der Kostentabellen bzw. Kurven	beliebig	keine Angaben	keine Angaben	keine Angaben
Kostensplitzinausgleich	ja	ja	nein	ja
Unterscheidung zwischen fixen und variablen Kosten	ja	keine Angaben	nein	ja
Datentransfer — Datenimport und -export, Auswertungen	Lotus, dBase	Lotus, dBase, Oracle	Lotus, Excel, Timeline, Artemis, MS-Project, dBase	ja
Datenformate	ASCII, CSV	ASCII	ASCII, DIF, FIX	beliebig variable Schnittstellen
Anzahl — Berichte/Listen/Ausgaben	80	beliebig	27	beliebig
Erfahrungen mit dem Programm seit	1992	1983	1992	1986

Tabelle 4.2.5: Auswahlkriterien/Programme	Project Outlook für Windows	Project Scheduler für Windows	PROWIS	PSsystem
Anbieter des Programms	COMPWARE GmbH	Scitor GmbH	PROMA GmbH	PS Systemtechnik GmbH
Abführung des Programms/Version	Project Outlook/3.1	Project Scheduler/6.0	PROWIS	PS
Art des Programms: PC/Mini/Großrechner	PC	PC	PC	Mini/Großrechner
Betriebssystem/Rechner	DOS ab 3.3, Windows 3.0	DOS ab 3.0, OS/2 ab 2.0	DOS ab 3.3	UNIX
Hardware — Erforderliche Hardware	80386, 80386/SX	XT, AT, Macintosh	IBM PC, PS/2	HP9000/835 oder /325
Hardware — Netzwerkfähig mit	PC-LAN	keine Angaben	allen Netzen	X-TERMINAL
Hardware — Hauptspeicher	1 MB	mind. 512 kB	530 kB	32 MB
Vorgangsknotentechnik/maximale Anzahl der Vorgänge	ja/1000	ja/7000	ja/MPM	keine Angaben
Vorgangspfeiltechnik/maximale Anzahl der Vorgänge	unbegrenzt	nein	nein	keine Angaben
Teilnetze/ maximale Anzahl	ja/1000	ja/unbegrenzt	ja/beliebig	ja/beliebig
Projektstrukturplan	keine Angaben	ja, 10 Ebenen	beliebig	ja
Zahl der Kalender	1	je Projekt, je Ressource	beliebig	keine Angaben
Ressourcen — Maximale Anzahl der Ressourcenarten	unbegrenzt	500	keine Angaben	keine Angaben
Ressourcen — Maximale Anzahl der Ressourcen	100	500	beliebig	keine Angaben
Ressourcenausgleich	nein	ja	keine Angaben	ja
Kosten — Maximale Anzahl der Kostenarten	keine	3	keine Angaben	keine Angaben
Kosten — Maximale Anzahl der Kostentabellen bzw. Kurven	keine Angaben	5	keine Angaben	keine Angaben
Kostenspitzenausgleich	keine Angaben	nein	keine Angaben	ja
Unterscheidung zwischen fixen und variablen Kosten	keine Angaben	nein	ja	ja
Datenimport und -export, Auswertungen — Datentransfer	Excel, SSPs PROMIS	Lotus, dBase	Lotus, Excel, Word, PCX-Grafiken, AVA-Standardsysteme	ja
Datenformate	ASCII, CSV, MPX, Clipboard	ASCII, CSV	ASCII	keine Angaben
Anzahl Berichte/Listen/Ausgabe	keine Angaben	10	beliebig	keine Angaben
Erfahrungen mit dem Programm seit	1990	1983	1991	keine Angaben

Tabelle 4.2.6: Auswahlkriterien/Programme

Auswahlkriterien/Programme		Qwiknet Professional	Projektmanagementsoftware PS auf Basis R/3	SINET	TERMIKON
Anbieter des Programms		PSDI Project Software GmbH	SAP AG	SIEMENS AG	RRP Reul Reinking GmbH
Abkürzung des Programms/Version		Qwiknet Professional/3.0	Projektmanagementsoftware PS auf Basis R/3/2.1	SINET/V8.2	TERMIKON/4.0-1
Art des Programms: PC/Mini/Großrechner		PC/Mini	PC/Mini/Großrechner	Großrechner	PC/Großrechner
Betriebssystem/Rechner		DOS ab 2.0/VMS	DOS/UNIX, OS/2, VMS, AIX, HP UX, ULTRIX, SINIX, MVS	BS 2000	DOS/VMS, BS 2000
Hardware	Erforderliche Hardware	keine Angaben	Siemens und IBM	Siemens BS2000	XT, AT
	Netzwerkfähig mit	Standardnetze	mit den von Hardware-Vendors unterstützten Standards siehe Vorspann	keine Angaben	beliebig
	Hauptspeicher	512 kB		keine Angaben	640 kB
Vorgangsknotentechnik/maximale Anzahl der Vorgänge		nein	ja/beliebig	ja/beliebig	ja/beliebig
Vorgangspfeiltechnik/maximale Anzahl der Vorgänge		ja/unbegrenzt	nein	nein	ja/keine Angaben
Teilnetze/maximale Anzahl		ja/beliebig	ja/unbegrenzt	ja/unbegrenzt	ja/unbegrenzt
Projektstrukturplan		16	beliebig	32	39
Zahl der Kalender		6	je Projekt, je Arbeitsplatz	2	keine Angaben
Ressourcen	Maximale Anzahl der Ressourcenarten	keine Angaben	4	hauptspeicherabhängig	keine Angaben
	Maximale Anzahl der Ressourcen	unbegrenzt	abhängig von der Art	hauptspeicherabhängig	keine Angaben
	Ressourcenausgleich	ja	ja	ja	ja
Kosten	Maximale Anzahl der Kostenarten	keine Angaben	6	unbegrenzt	2
	Maximale Anzahl der Kostentabellen bzw. Kurven	keine Angaben	keine Angaben	unbegrenzt	keine Angaben
	Kostenspitzenausgleich	keine Angaben	keine Angaben	nein	ja
	Unterscheidung zwischen fixen und variablen Kosten	keine Angaben	ja	ja	keine Angaben
Datenimport und -export	Datentransfer	Lotus, dBase, Project/2 und Project/X	beliebig	beliebig	beliebig
Auswertungen	Datenformate	ASCII	keine Angaben	beliebig	beliebig
	Anzahl Berichte/Listen/Ausgaben	30	beliebig	beliebig	beliebig
Erfahrungen mit dem Programm seit		1986	1993	1973	1979

Tabelle 4.2.7:

Auswahlkriterien/Programme		Texim Project für Windows	Time Line für Windows	Visual Planner für Windows
Anbieter des Programms		Welcom Software GmbH	Symantec GmbH	Information Builders
Abkürzung des Programms/Version		Texim Project 2.0	Time Line/5.0	Visual Planner/3.15
Art des Programms: PC/Mini/Großrechner		PC	PC	PC
Betriebssystem/Rechner		DOS ab 3.3, Windows ab 3.1	DOS ab 3.0, Windows ab 3.0	DOS ab 3.0, Windows ab 3.0
Hardware	Erforderliche Hardware	80386er empfohlen	XT, AT, PS/2	80386er Prozessor
	Netzwerkfähig mit	NetBios-kompatibel	allen Windows-kompatiblen	allen Windows-kompatiblen
	Hauptspeicher	640 kB	640 kB (EMS)	mind. 2 MB, empfohlen 4 MB
Vorgangsknotentechnik/maximale Anzahl der Vorgänge		ja/beliebig	ja/1000 (1600 mit EMS)	ja/32000
Vorgangspfeiltechnik/maximale Anzahl der Vorgänge		ja/unbegrenzt	ja/1000 (1600 mit EMS)	nein
Teilnetze/maximale Anzahl		ja/unbegrenzt	keine Angaben	ja/beliebig
Projektstrukturplan		beliebig	99	beliebig
Zahl der Kalender		unbegrenzt	keine Angaben	10 Projekte, 32000 Ressourcen
Ressourcen	Maximale Anzahl der Ressourcenarten	keine Angaben	keine Angaben	32000
	Maximale Anzahl der Ressourcen	64000	300	32000
	Ressourcenausgleich	ja	ja	ja
Kosten	Maximale Anzahl der Kostenarten	keine Angaben	300	32000
	Maximale Anzahl der Kostentabellen bzw. Kurven	keine Angaben	5	32000
	Kostenspitzenausgleich	keine Angaben	ja	ja
	Unterscheidung zwischen fixen und variablen Kosten	ja	keine Angaben	ja
Datenimport und -export	Datentransfer	MS Project, Timeline, Assure	Lotus, dBase, Time Line DOS, On Target, Artemis, Paradox	FOCMAN, PIC-Format für Grafiken
Auswertungen	Datenformate	ASCII, CSV	ASCII, CSV	ASCII, CSV, DDE
	Anzahl Berichte/Listen/Ausgaben	beliebig	keine Angaben	beliebig
Erfahrungen mit dem Programm seit		1993	1992	1992

4.3 Gemeinsamkeiten der untersuchten Programme

Die breite Palette der angebotenen NPT-Software reicht von einfachen Programmen bis zu komplexen Systemen für integrierte Netz- und Mehrprojektplanungen. Fast alle PC-Produkte sind für beliebige Anwendungsgebiete konzipiert.

Von den 27 beschriebenen NPT-Programmen laufen 23 auf PC, 9 auch auf Minis und nur 4 und/oder auf Großrechnern. Von diesen 27 Programmen nutzen bereits 13 Programme die Vorteile der Windows-Oberfläche aus. Im Gegensatz zu den Standard-Betriebssystemen konnte sich kein Netzplantechnik-Programm als Marktstandard für PC durchsetzen.

In zunehmendem Maße werden heute die NPT-Programme in deutschsprachiger Version angeboten. Da es sich um anspruchsvolle Produkte handelt, werden zu den Programmen Handbücher und Dokumentationen mitgeliefert. Bei den Handbüchern muß leider oft festgestellt werden, daß sie von Software-Experten geschrieben wurden und daher nicht genügend die Schwierigkeiten bei der Anwendung der Programme berücksichtigen. Die Einarbeitungen in die Programme werden durch Schulungen, Training und Beratungen unterstützt. Die Online-Hilfe erleichtert die Einarbeitung und Anwendung zusätzlich. Zu fast allen Software-Produkten gehören: Hilfefunktionen, Fehler-/Plausibilitätsprüfungen und Datenschutzmechanismen.

Die Eingabe der Daten erfolgt meist über Eingabemasken, unterstützt durch Funktionstastenbelegung und vorgegebener Menüsteuerung. Andere Programme erwarten abgekürzte Kommandos. Bei nahezu allen Programmen kann man zusätzlich mit der Maus operieren.

Beim Arbeiten müssen manuell dem Programm noch identifizierende, beschreibende und quantifizierende Informationen mitgeteilt werden, z.B. die Vorgangsdauer eines jeden Vorganges. Zu den quantifizierenden Informationen gehören auch Angaben der Zeitabstände, Kapazitäten und Kosten. Weichen die Folgen von der Normalfolge ab, so muß durch einen Buchstabencode die tatsächlich gegebene Folge dem System mitgeteilt werden, z.B. die Anfangsfolge AF, Endfolge EF oder Sprungfolge SF. Mehrprogramm- und Mehrplatzbetrieb wird fast von allen Software-Produkten unterstützt.

Die Mehrfachfenstertechnik setzt sich mehr und mehr bei Software-Systemen durch. Die Ausgabe der Daten und Pläne erfolgt bei der Mehrzahl der Programme über Bildschirm, Drucker und Plotter. Auf dem Bildschirm sind in komprimierter Form Listen, Balken- und Netzpläne, Tabellen und Grafiken darstellbar. Alle Berichte können individuell konfiguriert und auf gängigen Druckern und Plottern ausgegeben werden.

Der Drucker ist dabei vor allem für Listen und Tabellen geeignet. Plotter sind Zeichengeräte für die grafische Darstellung in Form von Kurven, Diagrammen, Histogrammen und Plänen. Hiermit können vor allem farbige Projektstruktur-, Zeit-, Balken-, Standard-, Teilnetz- und Meilensteinpläne und repräsentative Grafiken erstellt werden.

Wegen der vielen Vorteile der Vorgangsknotenmethode gegenüber den Vorgangspfeil- und Ereignisknotentechniken, kann bei fast allen Programmen mit der Vorgangsknotentechnik geplant werden. Nur wenige Programme bieten die Vorgangspfeil- bzw. Ereignisknotentechnik an. Bei einigen Programmen kann alternativ mit allen Methoden gearbeitet werden.

Mit fast allen Programmen lassen sich Projektstruktur-, Zeit-, Balken-, Standard-, Teilnetz-, Meilenstein- und Mehrprojektplanungen erstellen. Die Planung der Vorgangsdauer kann in Minuten, Stunden, Tagen, Wochen, Monaten oder Jahren erfolgen, wobei die Zeitachse beliebig (Minuten, Stunden, Wochen und Monate) gewählt werden kann.

Ein erstes Merkmal für die Leistungsfähigkeit eines Programmes ist die Anzahl der Vorgänge, die innerhalb eines Projektes bearbeitet werden können. Es werden Programme angeboten, die die Anzahl der Vorgänge/Netzplan, z.B. auf maximal 100 Vorgänge begrenzen; bei der Mehrzahl der Programme wird jedoch die Anzahl der Vorgänge/Netzplan vom Softwarehaus als *unbegrenzt* angegeben.

Bei den meisten Programmen lassen sich - jedoch im Vergleich spezifisch differenziert - Kapazitäts- und Kostenplanung durchführen. Hier differieren die Angaben der Softwareanbieter bezüglich der Anzahl und Art ihrer Möglichkeiten, z.B. Anzahl der Kapazitäts- und Kostenarten pro Arbeitspaket und/oder Projekt, Art und Größe der Darstellungen in Tabellen, Diagrammen oder Listen, Durchführung der Soll-Ist-Vergleiche. Nur wenige Programme bieten unbegrenzte Ressourcen- und Kostenplanungen an.

Die Akzeptanz eines Programmes hängt stark von der Benutzerfreundlichkeit und dem Zugriff zu anderen Datenbanken, Tabellen-
kalkulations- und Grafik-Programmen ab. Der Datentransfer ist dann
von großer Bedeutung, wenn die Aufbereitungen oder Auswertungen mit anderer, zusätzlicher Software vorgenommen werden kann
oder muß. Diese Entwicklung mündet zunehmend in Client/Server-
Computing, weil die Anwender auf zentral gehaltene Ressourcen
zugreifen wollen. Mehrere Programme bieten bereits diese Infra-
struktur an.

Ein Datenimport und -export zu möglichst vielen anderen Programmen wie z.B. Textbearbeitungs-, Tabellenkalkulationspro-
grammen, Datenbanken und Formaten, erhöht den Komfort und
den Wert einer Software. Bei vielen Programmen sind diese Schnittstellen, z.B. zu Word, Lotus, Excel, dBase und den ASCII-, DIF-,
Sylk-, CSV-Formaten vorhanden.

Unterschiede, Abweichungen und Einzelheiten der einzelnen Programme gehen insbesondere aus der Beschreibung der Programme
und den jeweiligen Angaben in den Tabellen hervor. Der Einsatz
von Listengeneratoren ermöglicht individuelle Anpassungen an die
Struktur und das Format der Berichte.

Reportgeneratoren ermöglichen über eine Anweisungssprache die
individuelle Auswahl von Daten, die Sortierung von Informationen,
die Rechenoperationen und die Festlegung der Struktur und des
Formates der Ausgabe. Durch Speicherung sind diese Festlegungen
jederzeit abrufbar.

Die Zuverlässigkeit der Software hängt auch von der Benutzungs-
dauer ab. Erfahrungsgemäß treten viele Programmfehler erst während der Nutzung zu Tage. Hohe Installationszahlen eines Produktes und frühes Erstinstallationsjahr können positiv gesehen werden.

Die Höhe der Kosten für Programme ist sehr schwer zu erfassen.
Aber auch die Beurteilung der Programme nur nach Kosten ist aus-
gesprochen schwierig. Sie müssen jeweils erfragt und verglichen
werden, um unter Berücksichtigung aller Gesichtspunkte, wie Leistungen, Komfort und vielen anderen geeigneten Entscheidungskri-
terien, einen spezifischen Vergleichsmaßstab für die Beschaffung
des adäquaten Programmes zu finden.

Die Beschreibungen und die Kriterien für die Auswahl von Programmen sind als eine Hilfe für die Vorauswahl von Programmen anzusehen. Selbstverständlich müssen weitere Details bei den Software-Anbietern erfragt und einer vergleichenden Bewertung unterzogen werden. Anhand von Demodisketten sollten Programme getestet und verglichen werden, bevor man ein Programm anschafft.

4.4   Bezugsadressen für NPT-Programme

ACOS PLUS.EINS Projektmanagement 4.3	ACOS Algorithmen Computer & Systeme GmbH Johanneskirchnerstr.162 81929 München
Artemis Schedule Publisher Artemis Prestige für Windows Artemis 7000 für Windows Artemis CPlan Artemis 7000 Plus	Lucas Management Systems GmbH Hammfelddamm 6 41460 Neuss
SuperProject Expert Windows SuperProject Plus	CA SuperProject 3.0 für CA Computer Associates GmbH Marienburgstr. 35 64297 Darmstadt
DPS-Diamant beratung	Dornier GmbH; Planungs- An der Bundesstr. 35 88090 Immenstaad/Bodensee
GRANEDA Personal für Windows GRANEDA Professional	NETRONIC Software GmbH Pascalstr. 15 52076 Aachen
INTEPS-GPI	Dr.Ing. Brankamp System Produktionsplanung Max-Planck-Str.9 40699 Erkrath

Microsoft Project 3.0 für Windows Microsoft Project	Microsoft GmbH Edisonstr. 1 85716 Unterschleißheim
On Target 1.0 für Windows Time Line 5.0	Symantec Deutschland Grafenberger Allee 56 40237 Düsseldorf
PARISS ENTERPRISE	BARTSCH-BEUERLEIN INFORMATIK-BERATUNG Steinkopfstr. 5a 61273 Wehrheim
Primavera Project-Planer 5.01 Monto Carlo 1.0 PARADE 3.0	INTEC-GmbH Konradweg 5 84034 Landshut
Project-Manager-Workbench für Windows PMW Project-Manager-Workbench für DOS	mbp Software & Systems GmbH Semerteichstr.47-49 44141 Dortmund
Projekt-Planungs- und Steuerungs- System PPS 3-PC	IBBG Industrieanlagen Betriebsgesellschaft Einsteinstr. 20 85521 Ottobrunn
Projekt OUTLOOK 3.1 für Windows	COMPWARE GmbH Wedelerstr. 93 22559 Hamburg
Project Scheduler 6.0	Scitor GmbH Lyonerstr. 44-48 60528 Frankfurt/Main
PROWIS	PROIMA GmbH Hauptstr. 71-79 65760 Eschborn (Taunus)
PSsystem	PS Systemtechnik GmbH Am Fallturm 9 28359 Bremen

Qwiknet-Professional Projekt/2 Serie X	PSDI Project Software GmbH Prof.-Messerschmitt-Str. 3 85579 Neubiberg
Projektmanagementsoftware PS auf Basis R/3	SAP AG, Vertrieb Neurottstr. 16 69185 Walldorf
SINET	Siemens Nixdorf Informationssysteme AG SW 44 Otto-Hahn-Ring 6 81739 München
TERMIKON	RRP Reul Reinking Programmsysteme GmbH Erdenerstr.7 14193 Berlin
Texim Project 2.0 OPEN PLAN	Welcom Software GmbH Am Marktplatz 10 82152 Planegg
Visual Planner für Windows FOCMAN	Information Builders Deutschland GmbH Leopoldstr. 236 80807 München

5 Gesichtspunkte für die Auswahl eines Programmes

5.1 Allgemeine Gesichtspunkte

Die umfangreichen Datenmengen mit ihrer Vielfalt der Abhängigkeiten und den hohen Ansprüchen bezüglich der Art und Qualität der erforderlichen Darstellungen der Pläne, Diagramme, Berichte, etc. können bei großen Projekten nur noch mit Hilfe der entsprechenden NPT-EDV-Programme wirtschaftlich bearbeitet werden.

Bei komplexen Großprojekten mit sehr vielen einzelnen Tätigkeiten und Verknüpfungen sind große manuelle Aufwendungen nötig, bis ein Netzplan fehlerfrei erstellt und eingabebereit für die Computerberechnung vorliegt. Daher ist es ein alter Wunsch der Praxis, aus Einzelangaben ohne weitere manuelle Überarbeitung, Netzpläne automatisch zu erzeugen und rechnen zu lassen.

Im Aufsatz [4] wird vorgeschlagen, aus verschiedenen Einzelinformationen über Verbindungen und Vorgänge mit dem Computer, Netze in einer Matrixform zu generieren. Hierbei wird eine logische, zeitunabhängige Struktur erzeugt, so daß es unerheblich ist, ob es sich um Vorgangs- oder Ereignisknoten handelt. Knoten und Verbindungen können anschließend mit Zeitwerten behaftet werden. Die Netzstruktur ermöglicht eine einfache Form der Terminierung, die alle Verknüpfungen in einem Durchlauf richtig mit frühesten und spätesten Terminen berücksichtigt. Die Matrixform erlaubt weitere Auswertungen mit Operations-Research-Verfahren. Für die Planung sollten computerunterstützte Planungs- und Steuerungssysteme die Möglichkeit zur Erfassung, Änderung und Darstellung beliebiger Strukturen bieten, um auf der Basis der Netzplantechnik die Terminplanung vornehmen zu können. Darüber hinaus werden zur komfortableren Handhabung der Netzplantechnik die Bearbeitung von Teilnetzen, die hierarchische Verdichtung von Netzplänen sowie die Erstellung und Verwaltung von Standardnetzen gefordert [59].

Die Auswahl geeigneter Software wird dadurch erschwert, daß die Mängel dieser Programme sich oft erst bei intensivem Gebrauch herausstellen. Dann nämlich, wenn aus unerklärlichen Gründen das System abstürzt, wird dem Anwender bewußt, daß PM-Programme weit weniger verbreitet und getestet sind als beispielsweise die bekannteren Textprogramme [55]. Wichtiger als die Vollständigkeit der Funktionen ist bei kleineren Projekten ohnehin die einfache und problemlose Bedienung der Programme. Denn in den wenigsten Fällen wird sich der Projektleiter auf qualifizierte Unterstützung verlassen oder die Bedienung des Systems gar an ausgebildete Fachkräfte deligieren können [55].

Der Leistungsumfang der angebotenen Planungspakete variiert stark. Die Palette reicht von einfachen Zeit- und Ressourcenmanagementsystemen, die eine Ergänzung zur Büroorganisation bieten, bis hin zu komplexen Programmen, mit denen der Anwender in der Lage ist, verschiedene Projekte gleichzeitig abzuwickeln. Die Unterschiede liegen im wesentlichen in der Anzahl der Vorgänge sowie in den Anpassungs-, Auswertungs- und grafischen Darstellungsmöglichkeiten [57].

Manche Programme operieren mit einer Kombination von Zeichen- und Rechentafel. Der Netzplan wird nicht mehr automatisch vom System erstellt. Der Anwender zeichnet per Maus und Tastatur Vorgänge, Meilensteine oder Ereignisse ein, genau so, wie er es mit Bleistift und Papier gelernt hat. Noch interessanter sind Modelle, die einen Betrieb im Netzwerk (Client-Server) propagieren oder die verschiedenen Projektplanungskomponenten – Terminrechnung, Ressourcenausgleich, Kostenkontrolle, Datenbank, Grafiken etc. –unter einer Oberfläche zur Verfügung stellen [25].

Insbesondere in der Erstellungsphase ist ein mehrfaches Ändern und Neuberechnen des Netzplanes notwendig. Für diesen interaktiven Prozeß zwischen heuristischer Tätigkeit des Netzplaners und algorithmierbarer Tätigkeit des Rechners ist daher statt eines batchorientierten Programms ein Dialogsystem wünschenswert [18].

Ein besonders hoch automatisiertes und komfortables Verfahren ist das Netzplan-Generierungsverfahren [28]. Es zeichnet sich dadurch aus, daß es unabhängig von der vom Anwender gewählten Netzplanmethode ist. Dies ist möglich, indem man die Vorgangspfeil- oder Vorgangsknotenmethode auf die Ereignismethode zurückführt bzw. auf ein allgemeines Grundmodell für deterministische Netzpläne überträgt [B8]. Das Strukturmodell dieser allgemeinen Methode besteht aus Knoten für Anfangs- und Endereignisse, die durch Pfeile für jeden Vorgang und für die Anordnungsbeziehungen zwischen den einzelnen Vorgängen verbunden sind [18].

Forschungs- und Entwicklungs-Vorhaben stellen aus mehreren Gründen besondere Anforderungen an ein funktionsfähiges Informations-, Planungs- und Kontrollinstrumentarium. Sie haben oft extrem lange Laufzeiten, so daß der Programmablauf kaum vorhersehbar ist, da regelmäßig viele, auch räumlich weit voneinander entfernt liegende Projektbeteiligte einbezogen sind, ist das Funktionieren der zentralen Lenkungs- und Koordinationsstelle letztlich für den Erfolg des Gesamtprogramms entscheidend. Bei diesen Vorhaben müssen große Datenmengen verarbeitet und nach unterschiedlichsten Gesichtspunkten aufbereitet werden.

Im Aufsatz [30] wird ein EDV-gestütztes Standardprojekt-Informationssystem auf der Basis eines Netzplanes zur integrierten Planung und Kontrolle der Zeit, Kapazität und Kosten für Forschungs- und Entwicklungsvorhaben vorgestellt, das bereits für mehrere Projekte mit gutem Erfolg in der Praxis eingesetzt worden ist.

Systemaufbau und -ablauf, sowie die gefundenen organisatorischen Lösungen zur Systemrealisierung und zur Steuerung des Informationsflusses werden sowohl für das Planungs- als auch für das Kontrollstadium der Vorhabensrealisierung beschrieben. Die gefundenen Lösungen werden darüber hinaus im Hinblick auf die für ein Forschungs- und Entwicklungsvorhaben typische Programm- und Organisationsstruktur diskutiert. Insbesondere wird dargestellt, wie dieses Instrumentarium eingesetzt werden kann um die Programmdauer zu verkürzen, das mit einem Forschungs- und Entwicklungsvorhaben verbundene Risiko und die Unsicherheit im Entscheidungsprozeß selbst zu minimieren und ein Forschungs- und Entwicklungsvorhaben bis hin zur Implementierung zu steuern.

Die praktischen Erfahrungen mit dem skizzierten System zeigen, daß durch den Einsatz dieses Instrumentariums ein Forschungs- und Entwicklungsvorhaben effizient abgewickelt werden kann. Stochastische Netzpläne unterscheiden sich von deterministischen Netzplänen durch das Vorhandensein sog. Entscheidungsknoten, in denen das Ergebnis der unmittelbar vorhergegangenen Vorgänge für die Entscheidung deponiert wird. Von jedem Entscheidungsknoten können dabei auch mehr als nur zwei Wege wegführen. Konjunktive Wege liegen dann vor, wenn alle von einem Entscheidungsereignis wegführenden Wege beschritten werden müssen.

Disjunktive Wege liegen dagegen dann vor, wenn zwei von einem Entscheidungsknoten ausgehende Wege im Sinne einer Alternative nie gleichzeitig beschritten werden können.

Deterministische Netzpläne sind ein Sonderfall des allgemeinen Ansatzes „stochastische Netzpläne". Sie sind aufgrund vorhandener Algorithmen wirtschaftlich mit Hilfe der automatischen Datenverarbeitung (EDV) terminierbar. Auf deterministischer Netzplanbasis sind Kapazitäts- und Kostenrechnungen durchführbar. Von diesen Einwänden einmal abgesehen, macht der Einsatz der elektronischen Datenverarbeitung das Instrument jedoch so schnell und flexibel, daß Datenänderungen und -ergänzungen in hinreichend kurzen Abständen erfaßt, verarbeitet und die Ergebnisse in vielfältiger Form ausgegeben werden können.

Auf diese Weise werden eine gezielte Ergebnisverteilung und die damit verbundene rationelle Informationsauswertung und Entscheidungsfindung sicher erreicht, so daß das FuE-Informations-System ein wesentliches, unverzichtbares Instrument zur Programmplanung und -steuerung geworden ist. Durch die simultane Berücksichtigung des terminlichen, kapazitäts- und kostenmäßigen Programmaspektes werden bereits durch das Planungssystem tatsächliche Entscheidungen getroffen. Das Informationssystem übernimmt damit wirkliche Steuerungsfunktionen, so daß die Programm- und Projektleitungen wirksam entlastet werden [30].

5.2   Leistungen

5.2.1   Grundlegende Anforderungen

Die Wirksamkeit von Verkürzungen der Durchlaufzeit (DLZ) für das Unternehmen wird nicht allein durch die Geschwindigkeit bestimmt, mit der die Information durch einzelne Bereiche und Abteilungen fließt, sondern in hohem Maß dadurch, wie schnell sie als Output des Systems zur Verfügung steht.

Die Durchlaufzeit ist ein wesentliches Element für alle betrieblichen Tätigkeiten und bedeutet: *Wie schnell agiert und reagiert das Unternehmen?* Hierzu zählen beispielsweise die Fragen: *Wie schnell werden neue Produkte auf den Markt gebracht? Wie zügig werden Kundenfragen bearbeitet und Angebote erstellt?* Kurze Innovationszeiten erfordern vom Hersteller hohe Flexibilität und Lieferbereitschaft, die wirtschaftlich nicht durch hohe Vorräte, sondern nur durch kurze Durchlaufzeiten erreicht werden können [26].

Der Einsatz eines NPT-Programmes hängt von den Anforderungen der Anwender und der Vorgehensweise bei der Bearbeitung eines Projektes ab. Ein erstes Merkmal für die Leistungsfähigkeit eines Programmes ist die Anzahl der Vorgänge, die innerhalb eines Projektes bearbeitet werden können. Es werden Programme angeboten, die die Anzahl der Vorgänge/Netzplan, z.B. auf maximal 100 Vorgänge begrenzen; bei der Mehrzahl der Programme wird jedoch die Anzahl der Vorgänge/Netzplan vom Softwarehaus als *unbegrenzt* angegeben.

Eine große Rolle beim Projektmanagement spielt natürlich auch die grafische Aufbereitung. Hier haben sich vor allem drei Darstellungsarten als hilfreich erwiesen: Projektstrukturplan, Balkenplan sowie der Netzplan. Von einem Programm erwartet man, daß sowohl Details als auch Gesamtübersichten der Netzplanunterlagen darstellbar sind.

Für das Projekt-Management muß gemäß der Hierarchie des Unternehmens die Möglichkeit gegeben sein, differenzierte Verdichtungen der Planungsunterlagen z.B. in Form eines Meilensteinplanes vorzunehmen, um den Informationsgrad entsprechend den Entscheidungsebenen anzupassen. Mit einem guten NPT-Programm lassen sich auch die eingegebenen Planungsdaten des Gesamtprojektes und der Teilprojekte permanent aktualisieren, denn die Verantwortlichen eines Projektes müssen bei auftretenden Änderungen oder Schwierigkeiten beim Projektablauf schnell die richtigen Entscheidungen treffen.

Neben diesen Forderungen ist eine *Was-wäre-wenn*-Analyse von erheblicher Bedeutung. Erwartet wird von einem leistungsfähigen Programm auch die Möglichkeit der Simulation bei Zeit-, Kosten- und Kapazitätsplanungen, um optimale Alternativlösungen zu suchen.

In vielen Fällen ist es notwendig, auf Grafiksoftware und/oder Datenbanken zurückzugreifen. Dies ist der Fall, wenn Pläne, Grafiken und Listen verlangt werden, die mit der NPT-Software nicht zu erstellen sind. Aus diesem Grunde sollten Schnittstellen zu anderen Programmen vorhanden sein, um dem notwendigen Im- und Export von Daten etc. Rechnung zu tragen. Darüberhinaus müssen Pläne, Grafiken und Berichte den am Projekt mitwirkenden Abteilungen und ihren Mitarbeitern als Arbeitsunterlagen an die Hand gegeben werden, um sie über alle Änderungen beim Projektablauf auf dem Laufenden zu halten. Diese Selektierungen und Spezifizierungen der Planungsunterlagen nach vielen notwendigen Parametern in Form diverser Arbeitspläne und Fortschrittsberichte gehören zu einem leistungsfähigen Programm.

Für die sehr unterschiedlichen Ansprüche in den Unternehmen sollten die Anforderungen an ein Programm anhand einer Checkliste innerbetrieblich vorher untersucht werden, um aus der großen Anzahl der auf dem Markt angebotenen Programme ein adäquates NPT-Programm sicher auszuwählen. Dieses Anforderungsprofil an ein Programm sollte firmenspezifisch und detailliert erarbeitet werden, sodaß es künftigen Ansprüchen genügt.

Leistungsstarke NPT-EDV Programme sollten folgende Funktionen bieten:

- Maskengenerator für die Darstellung und Unterteilung der Vorgangsknoten etc.

- Möglichkeit zur Strukturierung des Projektes

- Durchrechnung der Zeitnetzpläne mit Auswertung und Sortierung nach unterschiedlichen Gesichtspunkten, z.B. der kritischen und nichtkritischen Vorgänge

- Berechnung, Ausweisung und Ausnutzung der Pufferzeiten eines jeden Vorganges, sowie übersichtliche Darstellung des kritischen Weges

- Kalendrierung der Vorgänge nach unterschiedlichen Vorgaben

- Ausplotten aller Pläne, Grafiken sowie Ausdrucken aller Berichte, Diagramme nach vielen unterschiedlichen Wünschen

- Kosten- und Kapazitätsplanungen mit Soll-Ist-Vergleichen

- Fehlerdiagnose mit Fehlerortung

- Benutzerfreundlichkeit.

Programme mit einem Maskengenerator müssen die Möglichkeit bieten, schnell und komfortabel beliebige Masken, d.h. Bildschirmformulare zu erzeugen.

Werden höhere Ansprüche an die grafische Auswertung der traditionellen Listen gestellt, so können diese Leistungen durch einen Grafikgenerator erfüllt werden. Als Beispiel wird im Schrifttum [65] GENPLOT genannt. Die oben genannten grundlegenden Ansprüche sollten bei der Auswahl eines Programmes im einzelnen spezifiziert werden (s. Checkliste). Eine Kriterien-Checkliste wurde erarbeitet, die als Hilfe bei der Auswahl eines NPT-Programmes dienen soll.

5.2.2   Benutzerfreundlichkeit

Für die Anwendung eines Planungs- und Steuerungssystems sind dessen Dialogfähigkeit und Benutzerfreundlichkeit die wichtigsten Beurteilungskriterien. Gerade die Benutzerfreundlichkeit ist für die Sicherstellung der Akzeptanz durch die Anwender besonders wichtig. Sie läßt sich mit Hilfe einer Reihe von Maßnahmen verbessern, zu denen Hilfefunktionen, ein Laien- und Expertenmodus, die grafische Interaktion, sowie deutschsprachige Handbücher und Schulungen zählen.

Die Benutzerfreundlichkeit wirkt sich insbesondere auf die Schnelligkeit des Erlernens, als auch auf den reibungslosen Arbeitsablauf aus. Ideal sind Systeme, die mehrere verschiedene Inhalte (Kosten, Termine etc.) gleichzeitig auf dem Monitor darstellen können.

Zur Eingabe ist es im allgemeinen noch nötig, manuell die Daten über Tastatur einzutippen. Eine Übernahme von Werten aus dem Leistungsverzeichnis ist wegen des nicht automatisch festlegbaren Zusammenhanges zwischen Position und Vorgang nicht möglich. Rückgriffmöglichkeiten auf historische Vorhaben erleichtern die Eingabe. Der Ausgabe, insbesondere von Netzplänen, ist besonderes Augenmerk zu schenken [36]. Der Benutzer kann auf einer Menü-Maske aus einem Satz möglicher Antworten auswählen.

Ist er bei der Auswahl unsicher, stehen ihm abrufbare Erklärungen zur Verfügung. Um eine Funktion aufzurufen, wählt der Benutzer die entsprechende Maske. Diese enthält Eingabefelder mit den entsprechenden Erklärungen dazu. Die Eingabefelder sollen, wo sinnvoll, mit Standardwerten gefüllt sein. Das Aussehen einer Bildmaske sollte andererseits noch so flexibel sein, daß den Bedürfnissen verschiedener Benutzer in einfacher Weise Rechnung getragen werden kann. Im Gegensatz zu früheren Programmen, die durch geeignete Parametrisierung eine Funktion ausgeführt haben, wartet das Programm auf Anweisungen und führt diese interaktiv aus [44].

Die meisten NPT-Programme stammen vom angloamerikanischen Markt. Aus diesem Grunde liegt manchmal die Dialogsprache, das Benutzerhandbuch und die Dokumentation in englischer Sprache vor. Bei einigen Benutzern könnten Schwierigkeiten auftreten. Ein sorgfältig gegliedertes und didaktisch gut aufbereitetes Benutzerhandbuch und ein Lernprogramm mit Beispielen wird sehr geschätzt; ein guter Index erleichtert die Arbeit. Nützlich wäre ein Nummernschlüssel bei der Strukturierung des Projektes, um dann schnell und gezielt bei umfangreichen Planungen mit Hilfe dieses Schlüssels auf die einzelnen Zeit-, Kosten- und Kapazitätspläne, Planungsebenen und Teilprojekte zuzugreifen.

Die Größe der Felder für Texte, Bezeichnungen der Vorgänge, Art und Umfang der Ressourcen ist bei den Programmen beschränkt. Eine zu starke Einschränkung ist von Nachteil. Auch Abkürzungen z.B. auf vier Buchstaben führen zu Verständigungsschwierigkeiten.

Vor der Entscheidung für ein Programm sollte geprüft werden, wie viele Standardauswertungen verfügbar sind, damit der Aufwand für spätere *Programmmierarbeiten* möglichst gering bleibt. Dazu gehören z.B. *Soll-Ist*-Vergleiche in bezug auf Termine, Kosten und Kapazitätsauslastungen. Histogrammartige Darstellungen wie z.B. Gantt-Diagramme (Balkenpläne) gehören selbstverständlich zu einem guten Programm.

Bei der Anschaffung eines Programmes ist zu klären, ob alle Bildschirmdarstellungen über Drucker und/oder Plotter ausdruckbar sind. Das Programm sollte offen, flexibel und leicht zu bedienen sein, um z.B. Farben, Schraffuren, Symbole und Linientypen definieren zu können. Auch alle Beschriftungen, z.B. der Vorgänge, die Wahl der Identifikationsnummern, die Änderungen der Anfangs- und Endtermine sollten einfach und komfortabel vorgenommen werden können.

Ein wichtiger Aspekt ist die Form und Qualität der Ausgabe der Ergebnisse, wie z.B. die Hervorhebung des Verlaufes des kritischen Weges innerhalb des Netzplans. Er sollte durch Symbole oder durch farbliche oder fette Hervorhebung augenfällig gekennzeichnet werden. Das gleiche gilt für Hinweise, die vor Überschreitungen von Terminen und/oder Ressourcen warnen.

5.2.3   Kalender

Alle Programme sehen in der Regel mindestens einen Projektkalender vor. Dieser wird zu Beginn des Projektes definiert und enthält Angaben über Wochenenden, Feiertage oder betriebsübliche freie Tage. Es zeigt sich jedoch, daß auch während des Projektablaufes an diesem Kalender Veränderungen notwendig sind.

Die Einfachheit derartiger Änderungen und ihre unmittelbare Berücksichtigung bei der Terminplanung tragen mit zur Entscheidung für ein Programmpaket bei. Projektmanagementsoftware arbeitet in der Regel mit zwei verschiedenen Kalendarien, und zwar mit dem Basiskalender und mit Ressourcenkalendern. Der Basiskalender bezieht sich auf das gesamte Projekt und enthält Standardangaben wie Feiertage und Schulferien sowie die generell geltenden Arbeitszeiten. Ressourcenkalender lassen sich individuell anlegen, etwa pro Mitarbeiter oder Maschine. Ein weiterer Gesichtspunkt ist die Möglichkeit der Kalendermanipulation, d.h. die Art und Weise der Kalendrierung. Einem Projekt können mehr als ein Kalender zugrundegelegt werden. Beispielsweise sind Mehrkalenderrechnungen bei Auslandsprojekten mit logischem Bezug zum Mutterland interessant.

Durch *Was-wäre-wenn*-Simulationen kann der Projektleiter den optimalen Kapazitäten-, Termin- und Kostenausgleich finden. Hier variieren die gebotenen Möglichkeiten der Programme ebenso wie bei den *Soll-Ist*-Vergleichen.

5.2.4 Kapazitäten und Kosten

Die Planung der Kapazitäten und Kosten, also der Einsatzmittel, auch Ressourcen genannt, ist ein sehr wesentlicher Bestandteil des Projektmanagements. Unter Einsatzmittel versteht man Personal, Material, Geräte oder Finanzmittel. Diese Ressourcen werden den einzelnen Arbeitspaketen bzw. Vorgängen zugeordnet. Aus diesem Grunde müssen die in Frage kommenden Programme entsprechend den im Unternehmen vorliegenden Zielvorstellungen ausgewählt werden. Bei umfangreichen bzw. gleichzeitig ablaufenden Projekten (Mehrprojektplanungen) stellt der Kapazitätsbedarf, die Kapazitätsauslastung und der Kapazitätsspitzenabgleich hohe Anforderungen an die Leistung eines Programmes.

Durch Zuordnung wichtiger *Kapazitäten* (Arbeiter, Großgeräte) können bei Verschiebung von Arbeitsvorgängen sofort Engpässe festgestellt werden. Insbesondere Gangliniendarstellungen erweisen sich als sehr hilfreich und lassen einen Kapazitätsausgleich (allocation, smoothing), der meist manuell oder teilautomatisiert durchgeführt werden muß, sofort zu [36].

Die Kostenplanung ist oft in Verbindung mit der Netzplantechnik schwierig zu realisieren, ihre Bedeutung kann jedoch bei Projektplanungen nicht hoch genug eingestuft werden, denn sie ist der zentrale Bestandteil des Projektmanagements. In vielen Fällen wird das Kostenplanungsmodul, also die Möglichkeit der Kostenplanung und -kontrolle das entscheidende Kriterium für die Auswahl eines adäquaten Programmes sein. Von einem effizienten Projektmanager wird nicht nur eine perfekte Terminüberwachung, sondern auch eine zuverlässige Kostenplanung und Kontrolle erwartet.

Gute Programme erlauben die Zuordnung der Kosten zu Geräten, Material oder Personen (Arbeit) oder die Eintragung als Fixbetrag. Außerdem lassen sich benutzerdefinierte Filter anlegen. Etwa um schnell herauszufinden, ob Änderungen am Projektplan bei ganz bestimmten Tätigkeiten zu höheren Kosten als ursprünglich geplant, führen. Ein Filter mit einer variabel gestaltbaren Bedingung fragt zuerst die zulässige Planüberziehung ab und sucht anschließend diejenigen Vorgänge heraus, die diesen Toleranzwert überschreiten [25].

Der Einsatz von Tabellenkalkulations-Programmen ist beim Projektmanagement auf Kostenplanungs- und -überwachungsaufgaben beschränkt [55].

5.2.5   Schnittstellen

Ein wichtiger Gesichtspunkt beim Projektmanagement ist der Datenaustausch. Dabei ist sowohl der Datenaustausch zwischen den beteiligten Firmen (Konsortialpartnern), als auch der Austausch zwischen internen und externen DV-Systemen gemeint. Hierzu werden Standard-Schnittstellen benötigt, die sowohl die Eingabe als auch die Ausgabe von Daten ermöglichen. Projektinformationen werden vielfach von anderen Programmen zur weiteren Verarbeitung benötigt. Durch Importieren dieser Projektdaten aus anderen Programmen kann mühselige Routinearbeit vermieden werden.

Für die Systemeinbettung ist das Schnittstellenverhalten und die Anpaßbarkeit an Datengerüste von besonderer Bedeutung, um die mögliche Einbeziehung in bereits existierende Programme festzulegen und damit die Grenzen des Einsatzes aufzuzeigen. Bezüglich des Systemaufbaus stehen die Forderungen nach Anpaßbarkeit an die spezifische Aufbau- und Ablauforganisation, Konzeption als dezentrales System und Datenhaltung in einer relationalen Datenbank im Vordergrund.

Verschiedene Programme können über vorgefertigte, genormte Interaktionsstellen kommunizieren. Das Vorhandensein einer ASCII-Schnittstelle sollte als eine Minimalanforderung gelten. Auf weitere

Schnittstellen zu Standard-Datentransfer-Formaten wie z.B. CSV-, DIF-, Sylk-, WKS-, Clipboard-Module, sollte bei der Beschaffung eines Programmes geachtet werden. Der Import und Export von Grafiken und Daten aus anderen Programmen, z.b. von Textbearbeitungsprogrammen (Word, Wordperfect, Wordstar), Datenbanken (dBase, Access, Oracle, Paradox, FoxPro, Approach), Tabellenkalkulations-Programmen (Lotus, Excel, Quattro Pro), erspart dem Anwender viel Arbeit und ist von großem Vorteil. Weiter sollten Schnittstellen zu anderen Rechnern (Großrechner, PC) oder Geräten (Plotter, Drucker etc.) gegeben sein. Anschlußmöglichkeiten an Mainframe-Datenbanken erhöhen die Praxistauglichkeit.

Auch sollte sich ein Anwender der keine Erfahrung mit dem Einsatz des Projektmanagements hat, nicht dazu verleiten lassen, die Einführung des Projektmanagements in seinem Unternehmen mit dem Kauf einer Software zu beginnen. Bevor die Software zur Anwendung kommt, ist im Projektmanagement viel Strukturierungsarbeit zu leisten und es sind Entscheidungen zu treffen, was ohne entsprechende Eigenerfahrung oder einen qualifizierten Berater nicht erfolgreich zu leisten ist. Projektmanagement kann sehr nützen, wenn die entsprechenden Grundkenntnisse vorhanden sind und die sollte sich ein Anwender vor dem Kauf der Software erwerben [59].

5.2.6   Mehrprojektplanungen

Projektmanagement wird erfahrungsgemäß zunächst nur für ein einziges Projekt in einem Unternehmen eingesetzt. Oftmals entsteht aber der Wunsch, mehrere Projekte miteinander zu verknüpfen, um beispielsweise eine bessere Ressourcenauslastung zu erreichen.

Prinzipiell bedarf es dazu keiner besonderen Funktion. Es wird einfach ein neues Projekt definiert, das aus der Summe der zu verknüpfenden Projekte besteht, sofern die Software ein solches Mengengerüst zuläßt. Das kann jedoch ziemlich aufwendig werden. Besser ist es, wenn dem Anwender spezielle Funktionen für das Multiprojecting zur Verfügung stehen, mit denen er durch Kommandos ganze Projekte oder auch nur Teile wie beispielsweise Kapazitäten oder Kosten verknüpfen kann. Durch Mehrprojektplanung (multiprojecting) werden Teile von Projekten, wie Ressourcen (z.B. Großgeräte), miteinander verknüpft. Der Auslastungsgrad eines Unternehmens, des Personals oder von Geräten läßt sich bei Verschiebung von Projektabläufen sofort ermitteln.

5.2.7   Überwachung und Kontrolle

Sobald das Projekt in die Realisierungsphase tritt, ist die Projektplanung abgeschlossen und die Überwachung beginnt. Schlüsselelement darin ist der definierte Informationsfluß durch die Organisationspyramide von oben nach unten und umgekehrt. Einsatzmittelausfälle, technische Schwierigkeiten oder andere unerwartete Umstände können auftreten und dazu führen, daß Teilziele des Projektes neu festzusetzen sind. Ein Informationssystem für Projektplanung und -überwachung ist, im Gegensatz zu bisherigen in sich abgeschlossenen *Batch-* Programmen, ein *offenes* System [44].

Für die notwendige Kontrolle der Planung wird von computerunterstützten Planungs- und Steuerungssystemen die Unterstützung der Projektüberwachung und -steuerung verlangt. Im einzelnen gehören hierzu die Projektfortschrittsmessung, ein leistungsfähiges Berichtswesen und ein Reportgenerator für frei formatierbare Berichte. Verdichtete Auswertungen werden dem hierarchischen Charakter eines Projektes gerecht, indem sie den Informationsbedarf des jeweiligen Empfängers berücksichtigen.

Für die richtige Einschätzung der Termin-, Kosten- und Kapazitätssituation des Projekts auf Grundlage der rückgemeldeten Daten dienen: Abweichungs- und Termin-Trend-Analysen, die Ausgabe von Mahnungen mit Kommentierungsmöglichkeiten, die Aufwandskontrolle über alle Ebenen und Zwischenkalkulation sowie Kapazitätsübersichten und -trendberechnungen.

Der Soll-Ist-Vergleich hat nach Möglichkeit Frühwarnmöglichkeiten einzuschließen. Da sich während eines Projekts zahlreiche Änderungen ergeben können, muß die Überarbeitung der Planung möglich sein. In diesem Fall ist eine Unterstützung besonders für die Berücksichtigung neuer Abhängigkeiten, Termine, Kosten, und Kapazitäten notwendig.

5.2.8   Berichtswesen

Ein effizientes Berichtswesen hat im Projektmanagement einen hohen Stellenwert. Deshalb sind die meisten Produkte von vornherein mit einer Anzahl von Standardberichten ausgestattet. Darüber hinaus muß aber in jedem Fall noch ein leistungsfähiger Berichtseditor vorhanden sein, denn die Erfahrung zeigt, daß in vielen Unternehmen ein spezielles Berichtswesen erforderlich ist.

Ein Programm sollte auch in der Lage sein, Datensätze von einem Bericht automatisch in einen anderen zu übernehmen. Das spart Arbeit, wenn unterschiedliche Berichte teilweise die gleichen Informationen enthalten [59].

Die praxisorientierten Anforderungskriterien an die Dokumentation und Ergebnisverwaltung zielen auf einen kontrollierbaren und nachvollziehbaren Projektverlauf hin. Dazu sollte die Dokumentationsverwaltung die freie Definition von Standards zulassen und eine eindeutige Ablageordnung und Änderungsverwaltung besitzen. Außerdem ist die direkte Übernahme von Planungsdaten in die Dokumentation vorzusehen. Zur Erleichterung der Handhabung und Verbesserung der Akzeptanz ist ein Textverarbeitungssystem mit einheitlichem Editor notwendig. Von besonderer Bedeutung ist die Unterstützung der Dokumentation durch ein integriertes Konfigurations-Managment oder eine Schnittstelle zu einem existierenden Konfigurations-Managment-System.

Die Systemeigenschaften bestimmen das Erscheinungsbild computerunterstützter Planungs- und Steuerungsdaten bezüglich Einbettung, Aufbau, Anwendung und Einsatzverhalten. Die Ausprägungen dieser Eigenschaften werden in der Praxis als wichtige Kriterien für die Beurteilung angesehen [59]. Das umfangreiche und unübersichtliche Marktangebot von computerunterstützen Planungs- und Steuerungssystemen macht es unmöglich, einen vollständigen Marktüberblick zu geben oder gar sämtliche Systeme zu vergleichen.

5.3   Checkliste

Die Angebote der NPT-EDV-Produkte auf dem Markt lassen sich ganz grob in zwei Kategorien einteilen: PC-Produkte und Mini-/Mainframe-Produkte.

Die Mini/Mainframe-Produkte sind in der Regel ausgereift, meistens aber gegenüber den Ursprungsversionen *abgemagert*. Vielleicht aus Rücksicht auf die Preise, die für Mainframe-Software üblich sind. Rein auf PC-Anwendungen zugeschnittene Produkte, erlauben dem Anwender Projektmanagement auch bei weniger umfangreichen Planungen einzusetzen.

Für die Auswahl von Software bedarf es geeigneter Kriterien und Wertmaßstäbe. Beides ist in der letzten Konsequenz nur vom Anwender oder Berater festzulegen, weil jeder Anwender andere Anforderungen stellt und andere Prioritäten setzt. Ein Netzplan, mit dem sich kein Abgleich der Termine, Kosten und Kapazitäten durchführen läßt, ist in der Praxis fast unbrauchbar. Wichtig hingegen ist die Fähigkeit der Programme Teilnetze zu bilden. Gerade große Netzpläne sind als Gesamtplan für die praktische Arbeit zu umständlich, so daß für einzelne Arbeitspakete, Abteilungen etc., beispielsweise bei einer Produktentwicklung, nur Teilnetze bearbeitet werden.

Die Programme erzeugen in der Regel nach den Eingaben des Anwenders die Netzpläne automatisch. Netzpläne sollten sich jedoch auch manuell neu strukturieren lassen, da durch die komplexen Verknüpfungen oftmals recht skurrile Formen entstehen, die vor allem für die Arbeit mit Teilnetzen oder Netzplanausschnitten zu unübersichtlich sind.

Zu der bereits großen Anzahl der auf dem heutigen Markt angebotenen NPT-Programme und ihren Updates kommen laufend Neuentwicklungen hinzu. Diese Situation führt bei der Auswahl von Programmen zwangsläufig zu einer Erschwerung der Arbeit, ein geeignetes Programm schnell und sicher zu bestimmen. Es wird daher empfohlen, ein innerbetriebliches Anforderungsprofil derart zu erstellen, das alle wichtigen Forderungen und Kriterien an ein NPT-Programm erfaßt. In der folgenden Tabelle werden eine Reihe wichtiger Gesichtspunkte zusammengestellt, die zur Auswahl eines Programmes dienen können. Diese Kriterien sollten eine Vorauswahl erleichtern. Im einzelnen müssen jedoch ausführliche Informationen über NPT-Programme bei den Software-Anbietern eingeholt werden und die Programme anhand einer Demodiskette getestet werden.

In den folgenden Tabellen 5.3.1 und 5.3.2 sind Kriterien zusammengestellt, die bei der Auswahl eines Programmes hilfreich sein könnten.

Tabelle5.3.1: Checkliste zur Auswahl eines Programmes (Teil 1)

Anbieter des Programmes: ....

Name des Programmes: ....

Kriterien-Checkliste	ja/nein	Zahl	Bemerkungen
Strukturplanung/Hierarchie-Ebenen			
Arbeitspakete pro Projekt			
Ressourcen pro Arbeitspaket			
Ablaufplanung			
Maximale Zahl der Vorgänge/Projekt			
Zeitplanung			
Maximale Zahl der Vorgänge/Projekt			
Verdichtungsebenen			
Ganttpläne (Balkenpläne)			
Kalender			
Kalendrierung			
Fortschrittskontrolle			
Meldung bei Terminuberschreitung			
Was-wäre-wenn -Vergleich			
Integrierte Planung			
Ressourcenplanung:			
Ressourcenarten			
Soll-Ist-Vergleich			
Kostenplanung			
Kostenarten			
fixe Kosten			
variable Kosten			
Soll-Ist-Vergleich			
Projektgesamtkosten			
Arten von Netzplänen			
Rahmennetzpläne			
Teilnetzpläne			
Meilensteinpläne			
Standardnetzpläne			
Entscheidungsnetzpläne			
Komfort			
Mehrprojektplanung			
Mehrplatzsystem			
Mehrfachfenstertechnik (Windows)			
Maskengenerator (Eingabemasken)			
Report-/Listengenerator			
Projektbibliothek			
Fehler-/Plausibilitatsprufungen			
Simulationen an Projekten durchfuhrbar			
Datenschutzmechanismen			
Demodiskette			
Hilfefunktion			

Tabelle 5.3.2: Checkliste zur Auswahl eines Programmes (Teil 2)

Kriterien-Check-liste	ja= o							
Programm für	PC	o	Mini	o	Mainframe			
Dialogsprache	Englisch	o	Deutsch	o				
Benutzer-Hand-buch	Englisch	o	Deutsch	o				
Art der Netz-planungsmethode	CPM	o	PERT	o	MPM	o	VKM	o
Folgen	Normalfolge	o	Anfangfolge	o	Endfolge	o	Sprung-folge	o
Abstande	MIN Z = +	o	MIN Z = -	o	MAX Z = +	o	MAX Z = -	o
Zeiteinheiten	Stunden	o	Tage	o	Wochen	o	Monate	o
Art der Pufferzeiten	FP	o	GP	o				
Datenimport	Word Wordperfect Wordstar	o o o	Excel Lotus Quattro Pro	o o o	dBase Oracle Ingres	o o o	Access Paradox FoxPro	o o o
Datenexport	Word Wordperfect Wordstar	o o o	Excel Lotus Quattro Pro	o o o	dBase Oracle Ingres	o o o	Access Paradox FoxPro	o o o
Datenformate	ASCII SQL WKS	o o o	DXF MPX	o o	CSV Cipboard	o o	Sylk DIF	o o
Ausgabe Plane-Listen/Diagramme	Bildschirm	o	Drucker	o	Plotter	o		
Anwendungs-gebiete	Anlagenbau	o	Maschinen-bau	o	Bauwesen	o	FuE	o
Hardware-voraus-setzungen	IBM	o	DEC	o	SUN	o	HP	o
Netzwerkfähig mit	Novell	o	DEC	o	Vines	o	NETBanyan	o
Art der Steuerung	Menu	o	Maus	o	Funktion	o		
Betriebssystem	DOS Windows OS/2 VMS	o o o o	UNIX XENIX ULTRIX	o o o	DOMAIN CMS MVS	o o o	HP UX AIX	o o o
Große des Haupt-speichers								
Große des Arbeits-speichers (RAM)								
CO-Prozessor								

Ein Katalog der grundlegenden Auswahlkriterien für bauspezifische Software wird in der folgenden Tabelle 5.3.3 angegeben [39].

Tabelle 5.3.3: Auswahlkriterien für Bau-Projektsteuerungssoftware

1. Benutzerfreundlichkeit
1.1 Menügesteuert/Maus/Funktionstasten
1.2 Deutsche Version
1.3 Interaktives Hilfesystem/Einführungsbeispiele
1.4 Fehlererkennung und Fehlermanipulation
1.5 Fenstertechnik
1.6 Darstellungsgleichheit Bildschirm- und Druckausgabe
1.7 Freie Auswahl des Informationsgehaltes der Fenster

2. Eingabe/Ausgabe
2.1 Erleichterte Eingabe durch Standardeinstellungen
2.2 Übernahme/Übergabe von Daten nach Normschnittstellen
2.3 Alle Druckausgaben auch am Bildschirm (Netzplan)
2.4 Balkenplan/Netzplan/Kapazitäts-/Kosten-/Terminausgaben
2.5 Standardberichte für eine schnelle Kontrolle
2.6 Zusätzlich freie Gestaltung von Berichten für Externe
2.7 Allgemeinverständlicher Informationsgehalt
2.8 Normgerechte Symbolik für Netzplan
2.9 Rechenzeit für Ausgabe

3. Projektdarstellung
3.1 Vorgangsanzahl
3.2 Abhängigkeitsarten
3.3 Mehr als eine Anordnungsbeziehung zwischen 2 Vorgängen
3.4 Teilnetztechnik
3.5 Strukturierung nach Code(s) (Arbeitspakete etc.)
3.6 Freie Vorgangsnumerierung und Vorgangstext
3.7 Zusatztexte zu Vorgängen

4. Terminplanung
4.1 Anzahl verwendbarer Kalender (Mehrkalenderrechnung)
4.2 Zeiteinheiten: Tage, Wochen etc. mischbar?
4.3 Stillstandszeiten beliebig eintragbar
4.4 Fixtermine/Vorziehzeiten/Wartezeiten
4.5 Ist-Terminerfassung (Soll/Ist-Vergleich)
4.6 Pufferrechnung (GP, FP)
4.7 Fortschrittskontrolle, Fertigstellungsgrad
4.8 Vorwärts-/Rückwärtsrechnung, kritischer Weg
4.9 Einzeiten-/Mehrzeitenrechnung
4.10 Meilensteine
4.11 Früheste, späteste Lage, Ist-Lage

5.   Kostenplanung/-kontrolle
5.1 Kostenträger/Kostenarten/Kostenstellen
5.2 Plankosten/Istkosten
5.3 Fix-/Lohn-/Material-/Gerätekosten
5.4 Kostenfunktion
5.5 Darstellung als Ganglinie/Summenlinie/Tabelle
5.6 Indexrechnung
5.7 Teilrechnung

6.   Ressourcen-/Kapazitätsplanung und -kontrolle
6.1 Freie Einheitenwahl
6.2 Gruppenressourcen
6.3 Ressourcenkalender
6.4 Ressourcenverfügbarkeit
6.5 Automatischer Kapazitätsabgleich
6.6 Kapazitive Abhängigkeiten
6.7 Mehrprojektrechnung.

Ein sinnvoller Einsatz von Projektplanungssoftware am Personal Computer ist durch die moderne Standardsoftware als gegeben anzusehen. Dennoch existieren keine Programme, die speziell für den Bau erstellt wurden. Demnach muß, soweit möglich, die Software den speziellen Anwendungsgebieten angepaßt bzw. gewisse Nachteile der Standardsoftware in Kauf genommen werden. Aufgrund der Vielfalt an Software einerseits und der spezifischen Anforderungen der Firmen andererseits ist die Auswahl an Software erst nach eingehend Studium sinnvoll [39].

6 Beispiel einer computergestützten Anwendung

6.1 Vorbereitungen zur computergestützten Anwendung

6.1.1 Hard- und Software

Für einen PC-Arbeitsplatz sollten die im Kapitel 3 (Bild 3.1) im einzelnen beschriebenen Mindestvoraussetzungen gegeben sein. An der Fachhochschule in Düsseldorf bestehen für die computergestützte Anwendung der Netzplantechnik diese Voraussetzungen. Als Netzplantechnik-Anwendungsprogramm wurde Artemis 7000 für Windows, beschrieben im Kapitel 4.1.4 benutzt.

6.1.2 Installation und Bedienung des Programmes

Zur Installation des Artemis-Programmes wird außer den Disketten, noch ein Sicherheitsschlüssel (dongle) und der Security String von der Firma Lucas benötigt. Nach der Installation des Programmes müssen Plotter und Drucker konfiguriert werden.

Eine Voraussetzung für die Benutzung des Programmes sind grundlegende Kenntnisse in Netzplantechnik. Das Programm ist in einen Manager- und Arbeitsbereich unterteilt. Der *Managerbereich* ist für die Organisation des Programmes zuständig. Der Zugang zur Manager-Ebene ist nur über die Eingabe des vom Programm registrierten Benutzernamens (username) *Manager* und des Manager-Passierwortes (managerpassword) möglich. Dies ist in der Regel nur eine Person, der Programmm-Manager.

Der *Arbeitsbereich* steht allen zugangsberechtigten *Benutzern* (users) zur Verfügung. Die *Arbeitsebene* ist der Bereich des Programmes, in dem der Netzplaner alle für seine Planungen notwendigen Daten eingibt, bearbeitet und sich die Resultate auf *Bildschirm* (screen), *Drucker*, (printer) oder *Plotter* (plotter) ausgeben läßt.

Das Programm ist in ein oder mehrere *Datenbanken* (databases) unterteilt, die wiederum in einzelne *Bereiche* (partitions) gegliedert sind. Der Zugang zu jeder Datenbank ist nur über die Eingabe eines vom Programm registrierten *Benutzernamens* und *Passierwortes* möglich. Außerdem muß der Benutzer einen bestimmten Bereich auswählen, in dem er arbeiten möchte. Nach dem Zugang zur jeweiligen Datenbank befindet sich der Benutzer in der *Befehlsebene*. Der Bildschirm öffnet das *Befehlsfenster* (terminal window). Rechts neben dem *-Eingabe-Zeichen können nun die Programmier-Befehle eingegeben werden. Mit der F2-Taste werden weitere Fenster (windows) ein- und ausgeblendet.

Informationen über Befehle erhält man vom *Hilfefenster* (help window), das im Befehlslisten-Fenster angewählt werden kann. Das *Befehlslisten-Fenster* (command menu window) listet sämtliche Befehle auf, die eingegeben wurden. Ein Befehl kann durch eintippen, anwählen mit den Richtungstasten oder anklicken mit der Maus eingegeben werden.

Das *Funktionstasten-Fenster* (function key window) erklärt die Belegung der Funktionstasten. Wird vom Benutzer ein fehlerhafter Befehl eingegeben, so wird ein *Fehler-Fenster* (error window) eingeblendet, das die Fehlerursache, also die Fehlerart und eine Fehlernummer angibt.

6.1.3   Überblick über deutsche und englische Bezeichnungen

Bei der Netzplanung mit Artemis 7000 werden für die verschiedenen Netzplan-Daten spezielle, englische Bezeichnungen verwendet. Tabelle 6.1.3.1 gibt einen Überblick über deutsche und englische Bezeichnungen in der Netzplanung.

6.1.4   Beschreibung der Netzplanungs-Dateien

Der *Kalender* [calendar] registriert die Urlaubstage und Feiertage verschiedener Arbeitsgruppen. Das *Register* [register] listet sämtliche beteiligten Ressourcen wie Arbeitsgeräte, Arbeitskräfte u.ä. auf. Die *Verfügbarkeits-Datei* [availability] umfaßt sämtliche verfügbare Ressourcen.

Die *Netzplan-Datei* [network] beinhaltet sämliche Dateien der
Vorgänge [activities], *Folgen* [constraints] und *Ressourcen* [resources].
Bei der Erzeugung der Netzplanungs-Dateien werden verschiedene
Unterdateien geschaffen, in die vom Benutzer alle für die Netzpla-
nung notwendigen Daten eingegeben bzw. alle vom Programm be-
rechneten Werte eingeschrieben werden.

6.2   Bau eines Schrebergartenhauses

6.2.1   Beschreibung des Projektes

Anhand des kleinen Projektes *Bau eines Schrebergartenhauses* soll
die Anwendung der NPT mit dem Programm   Artemis 7000 für
Windows demonstriert werden.

Auf Antrag hat der Besitzer eines Schrebergartens vom Bauamt die
Genehmigung erhalten, ein Schrebergartenhäuschen zu errichten.
Die Genehmigung schließt ein, daß alle Energie- und Sanitärleitun-
gen für das Häuschen an das städtische Netz angeschlossen werden
dürfen. Diese Leitungen sind unterirdisch in einem in der Nähe
vorbeiführenden Zuweg zu verlegen. Der Bauherr führt die Baulei-
tung selbst durch, vergibt die Aufträge an die Handwerker und
übernimmt einige Arbeiten in Eigenleistung. Die Vorgänge der Auf-
tragsvergabe an die Handwerker werden jedoch nicht als Vorgänge
im Netzplan berücksichtigt.

Zur Koordinierung seiner Arbeiten mit den Arbeiten der Handwerker hat sich der Bauherr folgendes überlegt:

Zunächst muß er an der Baustelle einige *Bäume abschlagen und
entwurzeln.* Danach nimmt er den *Erdaushub für die Bodenplatte
und die Fundamente* vor. Während er anschließend den *Erdaushub
für die Versorgungsleitungen* vornimmt, sind die Maurer mit der *Einschalung der Fundamente und der Bodenplatte* für das Häuschen
beschäftigt. Nach der Einschalung wird von den Maurern der *Bau-
stahl verlegt und die Fundamente und Bodenplatte betoniert.* Während die Maurer die *Wände hochziehen* und danach das *Dach mit
Gasbetonplatten eindecken, isolieren und abdichten,* verlegt der Sanitär-Installateur unterirdisch nacheinander zuerst die *Abwasserlei-
tung,* danach die *Wasserleitung* und *schließt* sie beide an das städtische Netz an.

Nach Beendigung dieser Arbeiten *verlegt* ein Elektriker die *Kabel* und *schließt* sie an das *Stromnetz an.* Parallel dazu *verlegt* der Sanitär-Installateur *im Häuschen die sanitären Leitungen* und danach das *Regenabflußrohr* zwischen dem Dach und dem Kanalstutzen. Als Voraussetzung für die *Verlegung der Stegleitungen* (flache Elektroleitungen) *im Häuschen* soll vorgegeben sein, daß der Elektriker die Kabel im Graben verlegt und angeschlossen hat. Desweiteren wird vorgegeben, daß auch die sanitären Arbeiten im Häuschen abgeschlossen sein müssen.

Der *Schreiner* darf die *Fensterrahmen* erst *einsetzen,* wenn die Maurer die Dacharbeiten abgeschlossen haben. Der Bauherr darf den *Graben* und die Baulöcher erst *zuschütten* bzw. anschütten, wenn der Elektriker die Kabel im Graben verlegt hat und die Wände gemauert sind. Der Abschluß dieser Arbeiten ist auch Voraussetzung für seine nächste Eigenleistung: *Verlegen der Waschbetonplatten.*

Die *Innen- und Außenputzarbeiten* dürfen erst von den Maurern *durchgeführt* werden, wenn die Vorgänge: Verlegen und Anschließen der Regenabflußleitung, Verlegen der Stegleitungen und der Einbau der Fensterrahmen abgeschlossen sind.

Nach dem Verputzen der Innen- und Außenwände können zeitlich parallel folgende Arbeiten vorgenommen werden: *Fliesen der Wände und Verlegen der Bodenplatten* und *Verglasung der Fenster und einiger Türen.*

Nach Abschluß der Fliesen- und Plattenlegerarbeiten, werden vom Schreiner und Installateur folgende Arbeiten vorgenommen: *Einbau der Türrahmen* und *Türen und Aufstellen und Anschließen der sanitären Ausrüstungen.*

Erst danach ist es dem Elektromonteur möglich,, die *Elektroeinrichtungen und Geräte zu installieren.* Die letztgenannten Vorgänge müssen alle beendet sein, bevor der Bauherr die *Tapezier- und Anstreicherarbeiten vornehmen* kann. Der Bauherr führt diese Arbeiten nur durch, wenn er vorher den Vorgang Verlegen der Waschbetonplatten abgeschlossen hat.

Die manuelle Durchführung der Planung mit Stuktur-, Netzplänen, Listen, Kalendierung etc. des Projektes *Bau eines Schrebergartens* sind im Band I gegeben.

6.2.2   Aufgabenstellung und Lösungen

Wegen des Umfanges der integrierten Netzplanung können nicht
alle Schritte detailliert beschrieben werden. Es werden nur die
wichtigsten Etappen von der Vorplanung bis zur aktuellen Ergeb-
nisausgabe dargelegt.

Folgende Tabellen und Bilder sind in modifizierter Form der
Diplom-Arbeit [D1] entnommen worden:

- Vorgangsliste mit Grunddaten
- Folgenliste
- Kapazitätenliste
- Kostenliste
- Arbeitsliste
- Ausschnitt aus dem Netzplan
- Balkenplan
- Kapazitätsplan
- Kapazitätsbedarf für Maurer
- Gesamtkostenplan
- Einkaufkostenplan.

6.3   Ablauf der Netzplanung

Die computerunterstützte Netzplanung mit   Artemis 7000 läuft in
folgenden Schritten ab:

1. Schaffung eines Netzplanungsbereiches innerhalb der Datenbank.

2. Erstellung der notwendigen Netzplanungs-Dateien wie Kalender,
   (Ressourcen-)Register,   Verfügbarkeits-Datei, sowie Netzplan-
   Datei mit Vorgangs-, Folgen- und Ressourcenlisten.

3. Eingabe der Daten in diese Dateien.

4. Netzplan-Analyse, -Terminierung und -Gruppierung.

5. Ausgabe von Daten in Form von Tabellen, Netz-, Balken-, Kapa
   zitäts- und Kostenplänen.

Tabelle 6.1.3.1: Bezeichnungen in der Netzplanung

Deutsche Bezeichnung	Kurz-zeichen	Englische Bezeichnung	Bezeichnung in Artemis	Eingabe-wert
Vorgang	V	[activity]	-	-
Startvorgang	-	[start]	TYPE	START
Zielvorgang	-	[finish]	TYPE	FINISH
Vorgänger	-	[preceding activity]	PAN	Text
Nachfolger	-	[succeeding activity]	SAN	Text
Dauer	D	[lead before activity start]	LEAD	Zeitraum
		[activity duration]	DU	Zeitraum
		[lag after activity finish]	LAG	Zeitraum
Termine der Vorgänge	T	[dates of activities]	-	-
frühester Anfangstermin	FAT	[early start (after scheduling)]	ES (ESS)	Zeitraum
frühester Endtermin	FET	[early finish (after schedulig)]	EF (EFS)	Zeitraum
spätester Anfangstermin	SAT	[late start]	LS	Zeitraum
spätester Endtermin	SET	[late finish]	LF	Zeitraum
freier Puffer	FP	[free float (after scheduling)]	FF (FFS)	Zeitraum
Gesamtpuffer	GP	[total float (after scheduling)]	TF (TFS)	Zeitraum
Folge	F	[constraint]	-	-
Normalfolge	NF	[finish-to-start-constraint]	TYPEC	FS
Anfangsfolge	AF	[start-to-start-constraint]		SS
Endfolge	EF	[finish-to-finish-constraint]		FF
Sprungfolge	SF	[start-to-finish-constraint]		SF
Zeitabstand (minimaler)	MIN Z	[lead before constraint]	LEADC	Zeitraum
		[duration of constraint]	DUC	Zeitraum
		[lag after constraint]	LAGC	Zeitraum
Termine der Folgen	-	[dates of constraints]	-	-
frühester Anfangstermin	-	[early start (after scheduling)]	ESC (ESSC)	Datum
frühester Endtermin	-	[early finish (after scheding)]	EFC (EFSC)	Datum
spätester Anfangstermin	-	[late start (after scheduling)]	LSC	Datum
spätester Endtermin	-	[late finish (after scheduling)]	LFC	Datum
freier Puffer	-	[free float (after scheduling)]	FFC (FFCS)	Zeitraum
Gesamtpuffer	-	[total float (after scheduling)]	TFC (TFCS)	Zeitraum
Ressourcen	-	resources	-	-
regenerative Ressourcen	-	recurring resources	RTYPE	REG
konsumierb. Ressourcen	-	consumable resources		CON
absolute Ressource	-	total resources	PROTYPE	T
kontinuierliche Ressource	-	level resources		L
Zeit vor Einsatz	-	lead before resource	LEADR	Zeitraum
Gebrauchszeit	-	duration of constraint	DUR	Zeitraum
Termine der Ressourcen	-	dates of activities	-	-
frühester Anfangstermin	-	early start (after scheduling)	ESR (ESRS)	Datum
frühester Endtermin	-	early finish (after scheding)	EFR (EFRS)	Datum
spätester Anfangstermin	-	late start (after scheduling)	LSR	Datum
spätester Endtermin	-	late finish (after scheduling)	LFR	Datum

6.3.1   Projektstrukturplan

Die Planungen beginnen mit der Strukturierung des Projektes. Aus dem Projektstrukturplan werden die Vorgänge in der Vorgangsliste erfaßt.

Beim vorliegenden Projekt konnten die Vorgänge auf Grund der detaillierten Beschreibung des Projektes direkt in die Vorgangsliste übertragen werden.

6.3.2   Vorgangsliste

Um eine integrierte Planung des Schrebergartenhaus-Projektes vornehmen zu können, müssen sämtliche relevanten Daten erfasst und in die Vorgangsliste eingetragen werden. Im einzelnen sind es alle Vorgänge mit ihren Vorgangsdauern, Folgen, Ressourcen etc.

Für die Kalendrierung wurde festgelegt, die Arbeiten zwischen dem 01.04. und 15.05.19xx auszuführen.Dem Bauherrn stand ein Budget von 18.000 DM für das Projekt zur Verfügung. Ein Betrag von 10.500 DM wurde als Lohnkosten für die Handwerker veranschlagt, 6.500 DM wurden für die Anschaffung der Baumaterialien bestimmt, der Rest wurde als Leih- bzw. Standzeitkosten für Arbeitsgeräte vorgesehen.

Tabelle 6.3.2.1: gibt eine *Zusammenstellung der Vorgangsliste mit Grunddaten.*

Die Folgen aller Vorgänge wurden in der *Tabelle 6.3.2.2 Folgenliste* mit ihren minimalen und maximalen Zeitabständen erfasst.

Tabelle 6.3.2.1: Vorgangsliste mit Grunddaten

V -Nr	Name	Vorgangsbeschreibung	Nachfolger	Dauer (Tage)	Ressourcen
1	B1	Baume fällen, entwurzeln	B2, B3	2	1 Bauherr, 1 Motorsäge
2	B2	Erdaushub Bodenplatte	M1	4	1 Bauherr
3	B3	Erdaushub Versorgungs- leitungen	E1, I1, I2	5	1 Bauherr
4	B4	Erdaushub zuschutten	M7	2	1 Bauherr
5	B5	Waschbetonplatten ver- legen	B7	4	1 Bauherr, 25 Wasch- betonplatten
6	B6	Tapezier- und Anstreicherarbeiten	B7	5	1 Bauherr, Farbe, Tapete
7	B7	Aufstellen der Möbel	-	1	1 Bauherr
8	M1	Einschalung der Bodenplatte	M2	1	2 Maurer
9	M2	Baustahl verlegen, betonieren	M3	1	2 Maurer, 1 Betonmischer, Baustahl
10	M3	Außenwande mauern	B4, M4, M5	3	3 Maurer, 1 Betonmischer, 1 Gerüst, 1 000 Steine
11	M4	Trennwände mauern	M5	2	2 Maurer, 1 Betonmischer, 1 Gerüst, 200 Steine
12	M5	Dach eindecken, isolieren	M7	2	2 Maurer, 7 Dachbalken, Deckmat.
13	M6	Innenputz	F1	1	2 Maurer, Putz (200kg)
14	M7	Außenverklinkerung	T2	3	3 Maurer, 1 Gerüst, Klinker (25m²)
15	F1	Fußboden fliesen	F2, T1	2	2 Fliesenleger, Boden- fliesen (10m²)
16	F2	Toilettenwand fliesen	E3, I5, T2	1	1 Fliesenleger, Wand- fliesen (8m²)
17	I1	Abwasserleitung ver- legen, anschließen	B4, I3	2	1 Installateur, 8 Wasser- rohre
18	I2	Wasserzuleitung verl- egen, anschließen	B4, I3	3	1 Installateur, 8 Wasser- rohre
19	I3	Sanitäre Leitungen im Haus verlegen	M6	3	1 Installateur
20	I4	Regenabflußleitungen verlegen	-	1	1 Installateur, 1 Regen- rinne, 1 Regenrohr
21	I5	Sanitare Ausrüstung anschließen	B6	2	1 Installateur, 1 Toilettenbecken, 1 Waschbecken
22	E1	Elektr. Kabel verlegen, anschließen	B4, E2	2	1 Elektriker
23	E2	Stegleitungen im Haus verlegen	M6	2	1 Elektriker
24	E3	Elektr Einrichtungen und Gerate anschließen	B6	2	1 Elektriker, 1 Boiler
25	T1	Fensterrahmen montieren	G1	1	1 Tischler, 3 Fenster- rahmen
26	T2	Turrahmen einbauen	T3	1	1 Tischler, 2 Turrahmen
27	T3	Fensterladen und Turen einsetzen	B6	1	1 Tischler, 2 Turen, 6 Fensterladen
28	G1	Fensterglas einsetzen	T3	1	1 Glaser, 3 Fenster- scheiben

Tabelle 6.3.2.2: Folgenliste

V.-Nr.	Vorgänger	Nachfolger	Folge	MIN Z	MAX Z	Beschreibung
1	B1	B2	NF	0	0	
2	B1	B3	NF	0	0	
3	B2	M1	NF	0	0	
4	B3	I1	NF	0	0	
5	B3	I2	NF	0	0	
6	B3	E1	NF	0	0	
7	B4	B5	NF	0	0	
8	B4	M7	NF	0	0	
9	B5	B7	NF	0	0	
10	B6	B7	NF	0	0	
11	M1	M2	NF	0	0	
12	M2	M3	AF	1	0	Aushärtezeit
13	M3	B4	NF	0	0	
14	M3	M4	NF	-2	0	
15	M3	M5	NF	0	0	
16	M4	M5	NF	0	0	
17	M5	M7	NF	0	0	
18	M5	I3	NF	0	0	
19	M5	I4	NF	0	0	
20	M5	E2	NF	0	0	
21	M6	F1	NF	0	0	
22	M7	T2	NF	0	0	
23	F1	F2	NF	1	0	Aushärtezeit
24	F1	T1	NF	1	0	Aushärtezeit
25	F2	I5	NF	0	0	
26	F2	E3	NF	0	0	
27	F2	T2	NF	0	0	
28	I1	B4	NF	0	0	
29	I1	I3	NF	0	0	
30	I2	B4	NF	0	0	
31	I2	I3	NF	0	0	
32	I3	I5	NF	0	0	
33	I5	B6	NF	0	0	
34	E1	B4	NF	0	0	
35	E1	E2	NF	0	0	
36	E2	E3	NF	0	0	
37	E3	B6	NF	0	0	
38	T1	G1	NF	0	0	
39	T2	T3	NF	1	0	
40	T3	B6	NF	0	0	
41	G1	T3	NF	0	0	

6.3.3   Kapazitäten

Sämtliche in der Vorgangsliste erscheinenden Ressourcen werden aufgelistet. Für regenerierbare Kapazitäten wie Arbeitskräfte und einige Arbeitsmittel wurden die vier Kosten pro Berechnungszeiteinheit (Löhne bzw. Nutzungskosten) sowie die zusätzlich anfallenden Kosten bei Überkapazität festgestellt. Für konsumierbare Kapazitäten, also Arbeitsmittel, die während des Projektes verbraucht werden, wurden der Preis pro Einheit und die Lieferzeit ermittelt. Für alle Kapazitäten wurde außerdem die bereitstehende Menge und der Zeitpunkt bzw. die Zeitspanne der Bereitstellung ermittelt.

Tabelle 6.3.3.1: Kapazitätenliste

Kapazitäten	Preis/ Einheit	Kosten /Tag	zusätzl. Kosten/ Tag	Lieferzeit in Tagen	bereitstehende Menge	bereitgestellt ab:	bereitgestellt bis:
Bauherr		0,-	150,-		1	1 April	31. Mai
Elektriker		230,-	60,-		1	21. April	11. Mai
Fliesenleger		240,-	60,-		1	26. April	8. Mai
Glaser		190,-	30,-		1	3. Mai	8. Mai
Installateur		200,-	30,-		1	1. April	31. Mai
Maurer		180,-	20,-		3	13. April	31. Mai
Tischler		220,-	60,-		1	26. April	15. Mai
Betonmischer		70,-	10,-		2	1. April	31 Mai
Gerüst		50,-	20,-		1	1. April	31. Mai
Motorsäge		30,-	30,-		1	3 April	12.April
Abwasserrohr	20,-		0	1	8	19. April	
Baustahl	200,-		0	1	1	8. April	
Beton (m³)	10,-		0	0	30	1 April	
Bodenfliesen (m2)	20,-		0	0	10	1. April	
Boiler	100,-		0	0	1	4. Mai	
Dachbalken	35,-		0	14	7	19. April	
Deckmaterial	70,-		0	0	1	1. April	
Farbe (5l)	15,-		0	0	3	1. April	
Fensterladen	45,-		0	4	6	10. Mai	
Fensterrahmen	250,-		0	6	3	3. Mai	
Fensterglasscheibe	50,-		0	12	3	3. Mai	
Klinkersteine (m2)	25,-		0	2	25	1 April	
Mauerstein	1,-		0	5	1200	1. April	
Mörtel (40kg)	20,-		0	0	20	1. April	
Putz (40kg)	25,-		0	0	5	1. April	
Regenrinne	30,-		0	0	8	1. April	
Regenrohr	30,-		0	0	8	1. April	
Tapete (Rolle)	20,-		0	0	10	1. April	
Toiletten-becken	120,-		0	0	1	4 Mai	
Tür	80,-		0	0	2	3. Mai	
Türrahmen	100,-		0	0	2	3 Mai	
Wandfliesen (m2)	15,-		0	0	8	1. April	
Waschbecken	80,-		0	0	1	1 April	
Waschbeton-platten	10,-		0	0	25	4 Mai	
Wasserrohr	20,-		0	1	8	19. April	

6.3.4   Kosten

Jedem Vorgang werden mengenmäßig die Kosten zugeordnet, die zu seiner Fertigstellung notwendig sind und deren Tageskosten wie Löhne, Preise und Standzeitkosten erfasst:

Tabelle 6.3.4.1: Kostenliste (1)

Vorgangs-Abkürzung	Kapazitäten	Vorlaufzeit in Tagen	Kosten/Tag; Einheit	Einheiten	Kosten/ Tag
B1	Bauherr	0	0,-	1	0,-
	Motorsäge	0	30,-	1	30,-
B2	Bauherr	0	0,-	1	0,-
B3	Bauherr	0	0,-	1	0,-
B4	Bauherr	0	0,-	1	0,-
B5	Bauherr	0	0,-	1	0,-
	Waschbetonplatte	0	10,-	25	250,-
B6	Bauherr	0	0,-	1	0,-
	Farbe (5lt.)	0	15,-	3	45,-
	Tapetenrolle	3	20,-	10	200,-
B7	Bauherr	0	0,-	1	0,-
M1	Maurer	0	180,-	2	360,-
M2	Maurer	0	180,-	2	360,-
	Betonmischer	0	70,-	1	70,-
	Baustahl	0	200,-	1	200,-
	Beton	0	10,-	30	300,-
M3	Maurer	0	180,-	3	540,-
	Betonmischer	1	70,-	1	70,-
	Mauerstein	0	1,-	1 000	1 000,-
	Mörtel	0	20,-	10	200,-
M4	Maurer	0	180,-	2	360,-
	Betonmischer	1	70,-	1	70,-
	Mauerstein	0	1,-	200	200,-
	Mörtel	0	20,-	3	60,-
M5	Maurer	0	180,-	2	360,-
	Dachbalken	0	35,-	7	245,-
	Deckmaterial	1	70,-	1	70,-
M6	Maurer	0	180,-	1	180,-
	Betonmischer	0	70,-	1	70,-
	Putz (40kg)	0	25,-	5	125,-
M7	Maurer	0	180,-	3	540,-
	Klinker (m2)	0	25,-	25	625,-
	Mörtel (40kg)	0	20,-	7	140,-
F1	Fliesenleger	0	240,-	1	240,-
	Bodenfliesen (m2)	0	20,-	10	200,-
F2	Fliesenleger	0	240,-	1	240,-
	Wandfliesen (m2)	0	15,-	8	120,-
I1	Installateur	0	200,-	1	200,-
	Abwasserrohr	0	20,-	8	160,-
I2	Installateur	0	200,-	1	200,-
	Wasserrohr	0	20,-	8	160,-
I3	Installateur	0	200,-	1	200,-
I4	Installateur	0	200,-	1	200,-
	Regenrinne	0	30,-	1	30,-
	Regenrohr	0	30,-	1	30,-
I5	Installateur	0	200,-	1	200,-
	Toilettenbecken	0	120,-	1	120,-
	Waschbecken	1	80,-	1	80,-

Tabelle 6.3.4.2: Kostenliste (2)

Vorgangs-Abkürzung	Kapazitäten	Vorlaufzeit in Tagen	Kosten / Tag oder Einheit	Einheiten	Kosten / Tag
E1	Elektriker	0	230,-	1	230,-
E2	Elektriker	0	230,-	1	230,-
E3	Elektriker	0	230,-	1	230,-
	Boiler	0	100,-	1	100,-
T1	Tischler	0	220,-	1	220,-
	Fensterrahmen	0	250,-	3	750,-
T2	Tischler	0	220,-	1	220,-
	Türrahmen	0	100,-	2	200,-
T3	Tischler	0	220,-	1	220,-
	Fensterladen	0	45,-	6	270,-
	Tür	0	80,-	2	160,-
G1	Glaser	0	190,-	1	190,-
	Fensterglasscheibe	0	50,-	3	150,-

6.3.5   Erstellung der Kalender und Register

Um die Arbeitszeiten der beteiligten Handwerker in die Zeitplanung einzubeziehen, wurden diese für das Kalenderjahr 19xx aufgelistet. Für sämtliche am Projekt beteiligten Arbeitskräfte ist der Sonntag ein arbeitsfreier Tag. An den folgenden Feiertagen wurde 19xx ebenfalls nicht gearbeitet:

> 01.01. Neujahr, 06.01. Hl. drei Könige, 09.-12.04. Ostern, 20.05. Christi Himmelfahrt, 31.05. Pfingstmontag, 10.06. Frohnleichnam, 03.10. Tag der deutschen Einheit, 17.11. Buß- und Bettag, 25.+26.12. Weihnachten.

Die zusätzlichen arbeitsfreien Tage der verschiedenen Handwerker sind in der folgenden Tabelle aufgeführt.

Tabelle 6.3.5.1: Arbeitsliste

Hand-werker	Nr.	arbeitsfreier Wochentag	Urlaub((Tage)					
Elektriker	4	Samstag	10.04.	01.05.	05.05.	02.08-20.08.	24.12.	
Fliesen-leger	2		02.01.	01.05.	03.05.	24.12.		
Glaser	6		01.05.	01.09.-	31.12.			
Instal-lateur	3	Samstag	10.04-16.04.					
Maurer	1		01.01-05.01.	05.04-10.04.	01.05.	21.05-22.05.	5.07-31.07.	15.11-16.11.
Tischler	5	Montag	01.01-09.01.	04.10-30.10	21.12-31.12.			

Es wurden folgende Netzplanungs-Dateien erstellt: Kalender, Register, Verfügbarkeits-Datei und Netzplandatei. Das Programm erzeugt einen Kalender mit einem Namen, der in Tage (UNIT DAYS) unterteilt wird, im Jahre 19xx (BASE 19xx) beginnt und über ein Jahr (SPAN 1 YEAR) läuft . Die in der Projektvorbereitung zusammengestellten Daten (s. Tabellen 12 ./. 17) werden nun in die im Programm erzeugten Netzplanungs-Dateien eingegeben.

Die Netzplan-Daten umfassen die Daten der Vorgänge (activities), der (Bedarfs-)Ressourcen (resources) und der Folgen (constraints). Nachdem alle projektrelevanten Basisdaten eingegeben wurden, erschien ein Analysebericht auf dem Bildschirm, der als Startdatum den 1. April, und als Enddatum den 14. Mai für das Projekt veranschlagte. Damit war der Zeitrahmen ermittelt, der in einer Vorgangsdatei gespeichert werden konnte. Das Programm berechnete außerdem für jeden Vorgang die spezifischen Start- und Endzeiten, den Grad der Auslastung der bereitgestellten Kapazitäten und die Kosten.

Um die für die einzelnen Vorgänge notwendigen Kapazitäten in die Zeitplanung einzubeziehen, wurden die in der 1. Analyse errechneten Zeiten durch eine kapazitätslimitierte Terminierung begrenzt. Dabei zeigte es sich, daß die Vorgänge 1, 3, 11, 17, 19 und 22 um bis zu 4 Tage verlegt werden mußten, um Überkapazitäten zu vermeiden. Das Projekt wäre erst am 18. Mai beendet worden; mithin hätte es sich um 4 Tage verzögert. Daher wurde eine zweite, zeitlimitierte Terminierung durchgeführt.

In der 2. Terminierung wurden für sämliche Vorgänge die Zeiten ermittelt, in denen bei allen Kapazitäten Überkapazitäten auftraten, wobei der ursprünglich errechnete Endtermin eingehalten wurde. Nachdem sämtliche Netzplandaten eingegeben und bearbeitet wurden, konnten die Planungsergebnisse in Form von Listen und Plänen ausgedruckt bzw. ausgeplottet werden.

6.4 Ausgabe von Plänen und Listen

Zur geforderten Ausgabe von Plänen und Listen ist es notwendig, eine Reihe von Befehlen in die aufrufbaren Masken einzugeben.

6.4.1 Netzpläne

Folgende Befehlskette plottet den (vereinfachten) Netzplan:

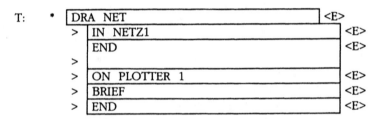

```
T:    •  | DRA  NET                    |  <E>
         >  | IN  NETZ1                |  <E>
            | END                      |  <E>
         >
         >  | ON  PLOTTER  1           |  <E>
         >  | BRIEF                    |  <E>
         >  | END                      |  <E>
```

Bild 6.4.1.1 zeigt den vereinfachten Gesamt-Netzplan „Schrebergartenhaus", Bild 6.4.1.2 den Ausschnitt aus dem Netzplan „Schrebergartenhaus".

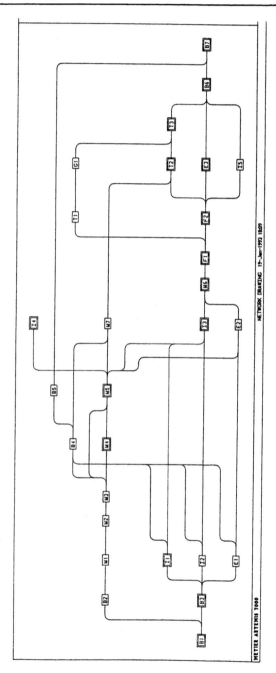

Bild 6.4.1.1: Ausschnitt aus dem vereinfachten Gesamtnetzplan *Schrebergartenbaus*

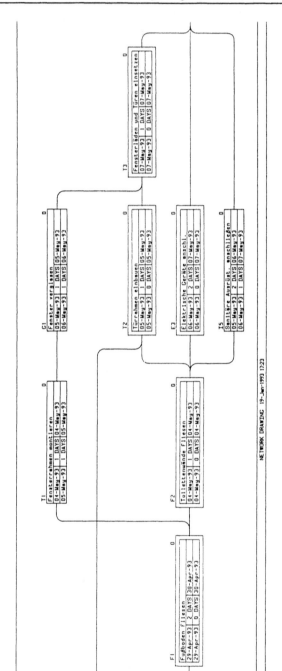

NETWORK DRAWING 19-Jan-1993 17:23

Bild 6.4.1.2: Ausschnitt aus dem Netzplan *Schrebergartenbaus*

6.4.2   Balkenplan

Die folgende Befehlskette gibt den zweiseitigen Balkenplan auf dem Plotter aus:

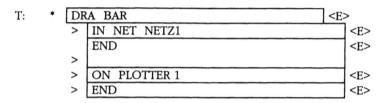

```
T:     *   DRA  BAR                                    <E>
          >  IN  NET  NETZ1                            <E>
             END                                       <E>
          >
          >  ON  PLOTTER 1                             <E>
          >  END                                       <E>
```

In Bild 6.4.2.1 ist der Balkenplan dargestellt.

6.4.3   Kapazitätspläne

Im Bild 6.4.3.1 ist der Gesamt-Kapazitätsplan für sämtliche beteiligten Handwerker zu sehen. In Bild 6.4.3.2 ist der Kapazitätsbedarf für Maurer gegeben.

6.4.4   Kostenpläne

Der Gesamtkostenplan des Schrebergartenhaus-Projektes zeigt Bild 6.4.4.1. In Bild 6.4.4.2 ist der Einkaufkostenplan des Schrebergartenhaus-Projektes gegeben.

6.4.5   Listen

Für die einzelnen Gewerke konnten Arbeitslisten ausgedruckt werden. Auf die Wiedergabe dieser terminierten Arbeitslisten wird im Rahmen dieser Arbeit verzichtet.

6.4.6   Netzplananalyse

Änderungen konnten bei der Projektabwicklung eingegeben und aktualisiert werden. Eine erneute Analyse des Projektes unter Berücksichtigung der geänderten Daten wurde gestartet, die neuen Termine berechnet und alle Pläne und Listen entsprechend aktualisiert.

So können zu jeder Zeit die aktuellen Daten in den Computer eingegeben, alle Pläne und Listen onscreen durchgecheckt und danach ausgedruckt und/oder geplottet werden.

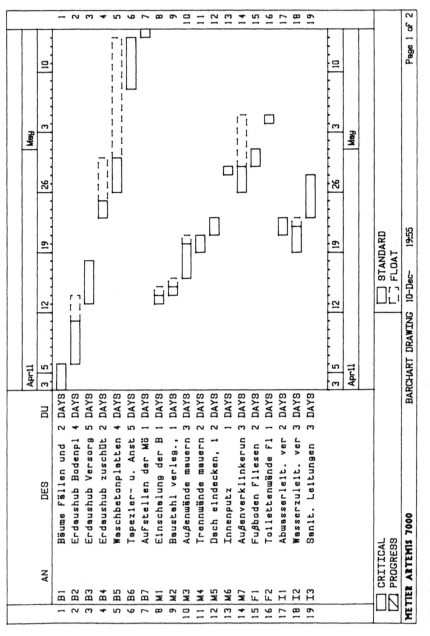

Bild 6.4.2.1: Balkenplan des *Schrebergartenhauses*

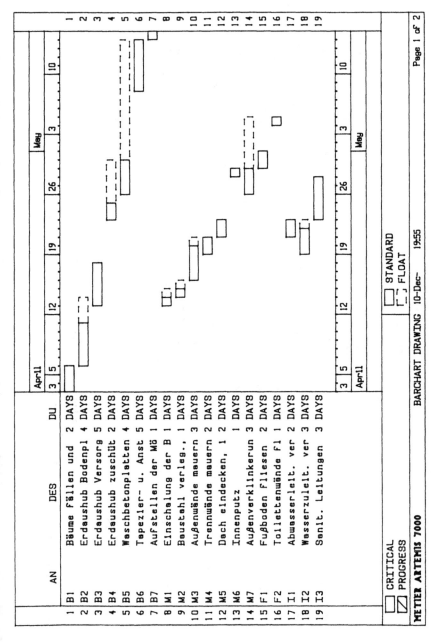

Bild 6.4.2.1: Balkenplan des *Schrebergartenhauses*

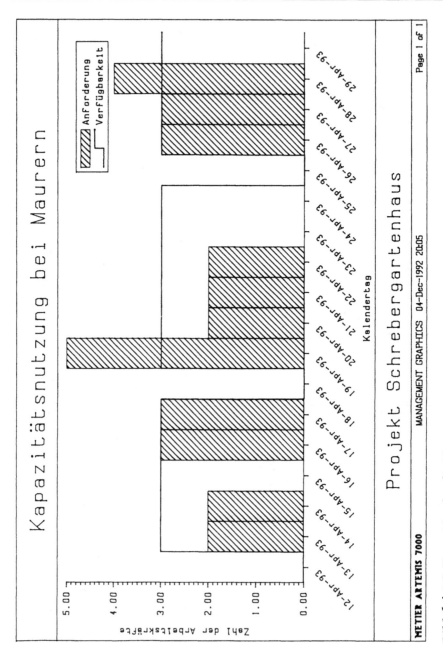

Bild 6.4.3.2: Kapazitätsplan für Maurer

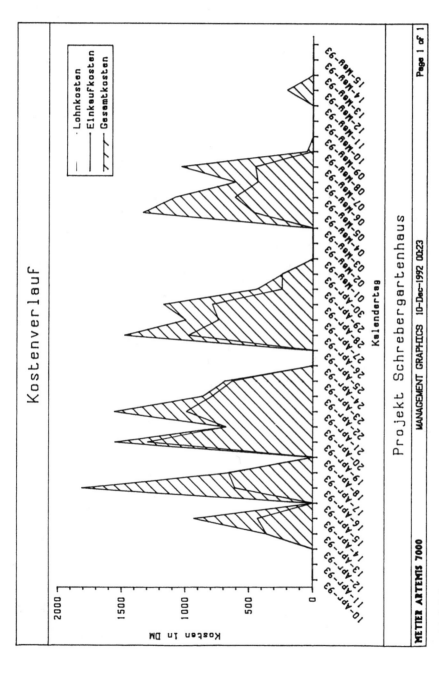

Bild 6.4.4.1: Gesamtkostenplan für das Schrebergartenhaus

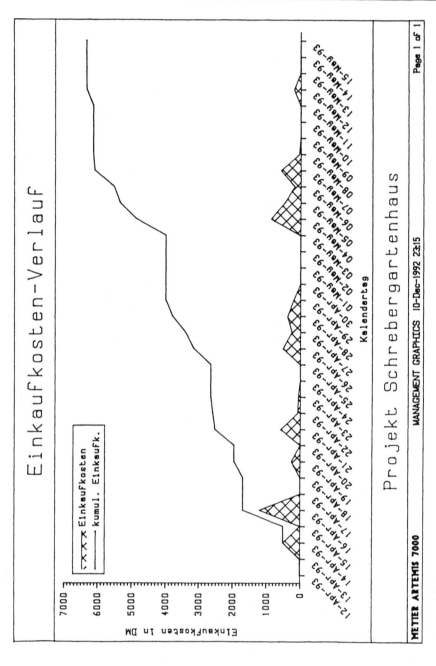

Bild 6.4.4.2: Einkaufs-Kostenplan für das Schrebergartenhaus

7   Schriftum

7.1   Zeitschriften

[1]   Allefeld-H.; Gerhards-M.: DV-gestützte Beschreibung von Arbeitsabläufen.
REFA-Nachrichten, Band 43 (1990) Heft 5, Seite 13-16, 18 (5 Seiten,
6 Bilder).

[2]   Benez-H.; Wenner-G.: Ein Termin- und Kapazitätsplanungsprogramm.
COMPUTER-PRAXIS, Band 6 (1973) Heft 1, Seite 8-13 (6 Seiten, 6 Bilder,
3 Tabellen, 2 Quellen).

[3]   Bergfeld-H.: Innovationsprojekte, Termin-, Kapazitäts- und Kostenplanung
im Dialog. Der Konstrukteur, Band 15 (1984) Heft 10, Seite 50, 52, 54, 56
(4 Seiten, 6 Bilder).

[4]   Biedermann-J.: Erstellung und Terminierung komplizierter offener Netze
mittels EDV. IND.ORGANIS., Band 43 (1974) Heft 11, Seite 509-514
(6 Seiten, 11 Bilder).

[5]   Bigalk: Softwareanalyse zum Projektmanagement. Analyse der Daimler Benz
AG, März 1986.

[6]   Brink-A.: Netzplantechnik. DAS WIRTSCHAFTSSTUDIUM, Heft 7, 1990,
S. 405-408.

[7]   Büttner-E.: PC-Prozessführung. Ein Low-cost-Prozessleitsystem mit SPS und
Personal-Computer. Chemie Anlagen und Verfahren, Band 20 (1987) Heft   1,
Seite 12-13, 20 (3 Seiten, 5 Bilder).

[8]   Doh-R.: Große Projekte schnell unter Kontrolle. PC- Magazin. Markt &
Technik, Haar 4 Seiten.

[9]   Domschke-W.; Drexl-A.: Kapazitätsplanung in Netzwerken Ein Überblick
über neuere Modelle und Verfahren. OPERATIONS RESEARCH-SPEKTRUM,
Heft 2, 1991, S. 63-76.

[10]   Egger-F.-P.; Kleiner-B.-H.: New developments in project scheduling. Neue
Entwicklungen in der Projektplanung und steuerung. California State   Univ.,
Fullerton, USA, Logistics Information Management, Band 5 (1992) Heft   1,
Seite 22-24 (3 Seiten, 12 Quellen).

[11]   Ellenrieder-J.: Projektplanung mit Netzplantechnik. ARBEITSVORBEREITUNG,
Heft 3, 1989, S.95-96.

[12]   Ender-J.; Fassl-G.; Heider-S.: Die Netzplanung bei der Ablauforganisation
grosser Reparaturvorhaben. ENERGIETECHNIK, Band 27 (1977) Heft 6, Seite
238-242 (5 Seiten, 2 Bilder, 5 Quellen).

[13]   Feyel-F.; Schuckmann-B.: Projekte planen und kontrollieren. PERSONAL
COMPUTER + PC SOFT, Heft 11, 1989, S. 114-118.

[14]   Fischer/Schuckmann: Drei Profis im Vergleich. Personal Computer, Heft 12,
1991.

[15]   Franke-R.: Planungstechniken für unsichere Zeiten. Blick durch die
Wirtschaft. Band 31 (1988) Heft 75, Seite 7 (1 Seite, 3   Bilder).

[16]   Futterer-R.: Computergestützte Netzplantechnik bei der   Planung und
Überwachung des Baues chemischer Anlagen. Chemie-Technik, 5. Jahrgang
(1976) Nr. 6.

[17]   Grosch-E-W.: Auftragsabwicklung, eine Managementaufgabe. Konferenz-
        Einzelbericht, Nürnberg. VDI Berichte, Band 597 (1986) Mai, Seite 39-46
        (8 Seiten).

[18]   Hackstein-R.; Bäumer-F.: Wege zur rationellen Erstellung von Netzplänen.
        Forschungsbericht 31, (1982), 4 Forschungsinstitut für Rationalisierung, FIR,
        Aachen.

[19]   Hackstein-R; Koch-F.: Vorteile einer Terminierung von Netzplänen mittels
        minimaler Vorgangsdauern. Operations Research. Serie B, Band 24 (1980)
        Heft 8, Seite B221-B238 (18 Seiten, 14 Bilder, 23 Quellen).

[20]   Herbert-H.-P.: Zeit und Kosten im Griff. Timeline und Primavera Project
        Planner. Computer Persönlich, (1988) Heft 10, Seite 53-54, 56-57 (4 Seiten,
        5 Bilder, 1 Tabelle).

[21]   Herbert-I.: Wandeln auf kritischen Pfaden. OFFICE MANAGEMENT, Heft 5,
        1992, S. 32-37.

[22]   Hess-Kinzer-D.: Programmsysteme zur Fertigungsterminsteuerung und zur
        Netzplanverarbeitung - Ein Vergleich. FORT-SCHR.BETR.-FÜHRUNG
        IND.ENGNG., Band 27 (1978) Heft 1, Seite 11-19 (9 Seiten, 3 Bilder,
        9 Tabellen, 11 Quellen).

[23]   Holtkamp-W.:Planwirtschaft. Computer Persönlich. Heft 19, 1991.

[24]   Holtkamp-W.: Kunst & Kommerz und Zwei Gipfelstürmer. Computer
        Persönlich. Heft 3, 1990.

[25]   Holtkamp-W.; Schuckmann-B.: Alles unter Kontrolle. Spezialisten für Kosten
        und Termine. PERSONAL COMPUTER + PC SOFT, Heft 9, 1990, S. 104-121.

[26]   Kexel-J.: Durchlaufzeitverkürzung im Büro mit Softwareunter stützung.
        OFFICE MANAGEMENT, Heft, 06, Juni 1986, S. 650-655.

[27]   Kidd-J.-B.: Do today's projects need powerful network planning tools?
        Benötigen aktuelle Projekte mächtige Netzwerkplanungsmethoden? Aston
        Univ., International Journal of Production Research, Band 29 (1991) Heft
        10, Seite1969-1978 (10 Seiten, 5 Bilder, 3 Tabellen, 4 Quellen).

[28]   Kleeberg-G.: Informationssystem zur Projektsteuerung im Anlagenbau. Die
        Arbeitsvorbereitung, Band 23 (1986) Heft 3, Seite 88-90 (3 Seiten, Bilder,
        1 Quelle).

[29]   Koch-J.-H.: Managen mit Mikros. Netzplantechnik mit Personal-Computern.
        Elektronik Journal, Band 22 (1987) Heft 23, Seite 32-34 (3 Seiten, 5 Bilder).

[30]   Komarnicki-J.: EDV-gestütztes Projekt-Planungssystem für For schungs-
        vorhaben. Z.ORGANIS., Band 47 (1978), Heft 3, Seite 153-160
        (8 Seiten, 6 Bilder, 13 Quellen).

[31]   Lakenbrink-P.: Ein Verfahren zur rechnergestützten Netzplanerstellung, ZwF
        73, (1978) Heft 5, Seite 240-246.

[32]   Lay-K.; Menges-R.: Rechnergestützte Montageplanung. Kontakt und
        Studium, Band 294 (1989) Ehningen, Expert- Verlag, Seite 215-243 (29 Seiten,
        11 Bilder, 12 Quellen).

[33]   Leopold-M.: Projektmanagement Software. PC PROFESSIONELL, (1992)
        Heft 1, Seite 219-272, (53 Seiten).

[34]   Lorenz-K.; Mayer-G.: Industrieplanung heute. RATIONALISIERUNG, Band 23
        (1972) Heft 11, Seite 289-293 (5 Seiten, 11 Bilder, 1 Quelle).

[35]   Mahnke-H.; Schuckmann-B.: Der Weg als Ziel. IC-Wissen Büro +
        Kommunikation, Band 9 (1991) Heft 4, Seite 44-45 (2 Seiten, 2 Bilder).

[36]   Martens-F.: Terminüberwachung bei Projekten. Project Manager
        Workbench. Computer Persönlich, (1988) Heft 10, Seite 58-60, 62-64
        (6 Seiten, 8 Bilder, 1 Tabelle).

[37]   Mayer-St.: Planerfüllung. Computer Persönlich, Heft 26, 1991.

[38]   Noth/Schwichtenberg: PPS-Systeme auf dem Prüfstand. Computerwoche
        Juni/Juli 1985.

[39]   Oberndorfer-W.; Car-M.: Steuerung von Bauprojekten am PC. Überlegungen zur Auswahl entsprechender Software. Österreichische Ingenieur- und Architekten- Zeitschrift, Band 134 (1989) Heft 6, Seite 343-346 (4 Seiten, 2 Bilder, 2 Tabellen, 5 Quellen).

[40]   Oliver-S.: Network analysis computer aided. Rechnergestützte Netzplantechnik. Metalworking Production, Band 124 (1980) Heft 7, Seite 64/65 (2 Seiten, 2 Bilder, 4 Tabellen).

[41]   Pater-J.: Computergestützte EDV-Systeme schrittweise einführen für die Planung und die Steuerung. Der Maschinenmarkt, Band 89 (1983) Heft 28, Seite 612-615 (4 Seiten, 3 Bilder).

[42]   Plate-J.: Netzplantechnik mit HX-20. Network scheduling techniques using the HX-20 microcomputer. Die Mikrocomputer-Zeitschrift, (1984) Heft 4, Seite 60-62 (3 Seiten, 3 Bilder).

[43]   Ploch-G.: Einsatz der Netzplantechnik für komplexe Ingenieurarbeiten am Beispiel verfahrenstechnischer Anlagen. LINDE BER.TECHN.WISS., (1979) Heft 45, Seite 67-73 (7 Seiten, 3 Bilder).

[44]   Probst-A.; Wili-B.: Projekt-Management mit modernen Werkzeugen ergiebiger und schneller. Industrielle Organisation Management Zeitschrift (Schweizerische Zeitschrift für Betriebswissenschaft), Band 52 (1983) Heft 1, Seite 13-18 (6 Seiten, 3 Bilder, 4 Quellen).

[45]   Püschel-J.: Einführung eines EDV-gestützten PJM-Systems am Beispiel. Konferenz-Einzelbericht, Projektmanagement, Beiträge zur GPM Jahrestagung 1986, Ges. für Projektmanagement INTERNET Deutschland, Bad Honnef, 22.-24.10.1986, (1986), Seite 315-323 (9 Seiten).

[46]   Puhlmann-W.: Transparenz auf allen Ebenen. Projektmanagement in der Softwareentwicklung. Computerwoche Focus, (1991) Heft 3, Seite 34-35 (2 eiten).

[47]   Radzwil:Ch. Leopold-M.: Wege zum Ziel - Projektmanagement-Software. PC Professional (1992), Heft Januar, Seite 218-275 (57 Seiten).

[48]   Reichert-O.: Integrierte Netzplanung nach der Vorgangsknotenmethode; Integrierter Netzplan eines Einfamilienhauses. Deutsches Architektenblatt 20 (1972) NW Seite 212-214.

[49]   Reichert-O.: Planung, Bau und Ausrüstung verfahrenstechnischer Anlagen, Integrierter Netzplan, chemie-anlagen + verfahren, 12 (1973) Seite 85-86.

[50]   Reichert-O.; Schrader-H.: Bearbeitung von Netzplänen mit einer Datenstation, DV-Fachserie, Datenverarbeitung in der Ausbildung, Datenstationen in Lehre und Studium; Einsatzbeispiele aus der Praxis, IBM Deutschland, Stuttgart (1974) Seite 45-53.

[51]   Reichert-O.: Überblick über die neuesten Programme zum Erstellen, Verarbeiten und Auswerten von Netzplänen, chemie-anlagen + verfahren, 12 (1976) Seite 64-68.

[52]   Reichert-O.: Netzplantechnik im Unternehmen. Aktuelle Ergebnisse einer Umfrage, chemie-anlagen + verfahren, (1991) Heft 10, Seite 120-124 (3 Seiten, 4 Bilder).

[53]   Reinking-J.: TERMIKON, Projektmanagementsystem zur Planung und Steuerung von Terminen, Kapazitäten und Kosten. Beiträge zur GPM Jahrestagung 1986, Ges. für Projektmanagement INTERNET Deutschland, Bad Honnef, 22.-24.10.1986, (1986) Okt, Seite 325-330 (6 Seiten, 3 Bilder).

[54]   Romeyke-T.: Der rechte Mann zur rechten Zeit.Test: Qwiknet Projektmanagement-Software. PC Magazin, (1987) Heft 42, Seite 108, 111-112, 114, 116 (5 Seiten, 5 Bilder).

[55]   Scheuring-H.: Auch mittlere und kleinere Projekte brauchen Führung. Industrielle Organisation. Management Zeitschrift (Schweizerische Zeitschrift für Betriebswissenschaft), Band 55 (1986) Heft 3, Seite 116-121 (6 Seiten, 5 Bilder, 4 Quellen).

[56]   Scholz-W.: Mobiler Helfer. Fertigungstermine planen, verfolgen und
        aktualisieren mit Hilfe eines Taschenrechners. Der Maschinenmarkt, Band 94
        (1988) Heft 15, Seite 38-40 (3 Seiten, 3 Bilder, 2 Quellen).
[57]   Schuckmann-B.: Netzplantechnik. Planen und Steuern, Personal Computer +
        PC Extra, Heft 12, 1991, S.96-99.
[58]   Schwab-U.: Werkzeuge für Manager. Checkliste. Computer Persönlich, (1988)
        Heft 10, Seite 43, 46 (2 Seiten, 2 Bilder).
[59]   Schwichtenberg-T.; Noth-T.: PPS-Systeme auf dem Prüfstand. Teil 1.
        Computerwoche, (1985) Heft 26, Seite 14-16 (3 Seiten, 2 Bilder).
[60]   Sonntag-P.-M.: Bewältigung von Abwicklungsproblemen in der
        Kooperation. Konferenz-Einzelbericht, VDI Berichte, Band 658 (1987) Nov.,
        Seite 55-95 (41 Seiten, 16 Quellen).
[61]   Stadlinger-M.: Programme für die Zeit- und Projektplanung. Marktübersicht.
        Das Österreichische Magazin für Computeranwender, Band 3 (1986) Heft 1,
        Seite 44-48 (5 Seiten, 2 Bilder, 1 Tabelle).
[62]   Tai- Th.: Der geplante Einstieg. Computer Persönlich Heft 14, 1991.
[63]   Vincent-G.: Right product, right time. Das richtige Produkt zur richtigen
        Zeit. Engineering, London, Band 228 (1988) Heft 10, Seite 558-560
        (3 Seiten, 6 Bilder, 1 Quelle).
[64]   Weinert-W.-R.: Terminplanung und -steuerung in der Konstruktion mit
        integrierter Kostenplanung und -kontrolle. Software im Maschinen- und
        Anlagenbau. Fallbeispiele für das Management. VDMA-Tagung
        Mechatronik/Informatik, Wiesbaden, Band 9 (1989) Juni, Seite 1-4 (4 Seiten),
        Paper-Nr. 5.
[65]   Wilms-J.-O.; Preuss-M.: Projekt-Management im Anlagenbau. Netzplansystem
        oder Terminsystem. Zeitschrift für wirtschaftliche Fertigung und
        Automatisierung ZWF/CIM, Band 82 (1987) Heft 3, Seite 152-158 (7 Seiten,
        6 Bilder, 7 Quellen).
[66]   Wirth-E.; Castelli-G; Kieboom-G.: Netzplanungsprogramme für Personal
        Computer. ABB Technik, (1992) Heft 6, Seite 33-42 (10 Seiten, 13 Bilder,
        5 Quellen).
[67]   Zelewski-S.: Ansätze der künstlichen Intelligenz-Forschung zur Unterstüt-
        zung der Netzplantechnik. Z. betriebswirtschaftliche Forschung, 40, 1988,
        S. 1112-1129.
[68]   Zhan-J.: Calendarization of time planning in MPM networks. Zeitplanung mit
        MPM-Netzplänen unter Berücksichtigung der Kalenderdaten. Univ.,
        Zeitschrift für Operations Research - ZOR, Band 36 (1992) Heft 5, Seite 423-
        438 (16 Seiten, 6 Bilder, 8 Quellen) .

7.2   Bücher

[B1]   Autorengemeinschaft: Netzplantechnik, ein Fortbildungskurs im
        Medienverbund. VDI-Verlag, Düsseldorf, 1982.
[B2]   Becker-Haberfellner-Liebetrau: EDV-Wissen für Anwender.
        Verlag Industrielle Organisation Zürich, 1990.
[B3]   Computerlexikon: 1. Auflage, Sybex-Verlag, Düsseldorf 1991.
[B4]   Duden Informatik: 2. Auflage, Dudenverlag, Mannheim 1993.
[B5]   Dworatschek-S.; Hayek-A.: Marktspiegel Projektmanagement-Software,
        Kriterienkatalog und Leistungsprofile, Verlag TÜV Rhein-land, Köln, 1987,
        1989, 1992.
[B6]   Neumann-K.: Netzplantechnik. Grundlagen des Operations Research,
        2. Auflage, Springer, Berlin/Heidelberg, 1989
[B7]   Reichert-O.: Netzplantechnik: Grundlagen, Aufgaben und Lösungen. Band I,
        Vieweg-Verlag, Wiesbaden (1994), (160 Seiten).
[B8]   Rinza-P.: Projektmanagement, VDI-Verlag Düsseldorf, 2. Auflage 1985,
        169 Seiten.
[B9]   Schulze- H.: PC-Lexikon. Rowohlt Taschenbuch Verlag,   Reinbek bei
        Hamburg, 1993.

7.3   DIN-Normen

DIN 69900, Teil 1. Netzplantechnik, Begriffe, Beuth-Vertrieb, 1987.
DIN 69900, Teil 2. Netzplantechnik, Darstellungstechnik, Beuth-Vertrieb, 1987.
DIN 69901. Projektmanagement, Begriffe, Beuth-Vertrieb, 1987.
DIN 69902. Einsatzmittel, Begriffe, Beuth-Vertrieb, 1987.
DIN 69903. Kosten und Leistung, Finanzmittel, Begriffe, Beuth-Vertrieb, 1987.

7.4   Prospekte

[P1]   ACOS Algorithmen, Computer & Systeme: ACOS PLUS.EINS 4.3
         (11 Seiten); ACOS Mini.PLUS (2 Seiten).
[P2]   Brankamp: INTEPS-GPI. Das übergeordnete Planungssystem für Termine,
         Kapazitäten und Kosten (34 Seiten).
[P3]   Computer Associates: SuperProject 3.0, (10 Seiten).
[P4]   COMPWARE: Project OUTLOOK (4 Seiten).
[P5]   Dornier: Dornier-Projektmanagement-System-DIAMANT, Pla-
         nungsberatung-Projektmanagement (28 Seiten).
[P6]   Hoskyns Group: Project Manager Workbench, (15 Seiten).
[P7]   IABG Industrieanlagen-Betriebsanlagen: Projekt-Planungs- und Steu-
         erungs-System PPS3 (21 Seiten).
[P8]   INFORMATIK-BERATUNG: PARISS ENTERPRISE, (15 Seiten).
[P9]   Informations Builders: Visual Planner für Windows, (4 Seiten).
[P10]   INTEC: Primavera Projekt-Planer, (7 Seiten).
[P11]   Lucas Management Systems: Artemis 7000, (24 Seiten).

[P12]   mbp Software & Systems: Project-Manager-Workbench, (15 Seiten).
[P13]   Microsoft: MS Project für Windows. Das Professionelle Pro
        jektplanungssystem (8 Seiten).
[P14]   NETRONIC Software: GRANEDA (14 Seiten).
[P15]   PROIMA: PROWIS, (4 Seiten).
[P16]   PSDI: Quicknet-Professional, (8 Seiten).
[P17]   PS SYSTEMTECHNIK: PSsystem. Die komplette Software für die
        Produktionslogistik (14 Seiten). Kommunikation und Integration,
        Zusatzbausteine für das PSsystem (10 Seiten). Das PSsystem für den
        Einzelfertiger und Anlagenbauer, Systembeschreibung PSsystem (70
        Seiten).
[P18]   RRP: TERMIKON (26 Seiten).
[P19]   SAP: System R/2/ Integriertes Projektmanagement (41 Seiten); Systeme
        R/2/ Kurzinformation (75 Seiten).
[P20]   Siemens: SINET; Neubaustrecken der Deutschen Bundesbahn/ Termin-
        und Kostenplanung mit dem Projektsteuerungsverfahren SINET (52 Seiten);
        Netzplantechnik mit SINET/ Verfahrensbeschreibung (56 Seiten).
[P21]   Scitor: Project Scheduler, (5 Seiten).
[P22]   Symantec: Time Line 4.0 und On Target 1.0 für Windows (5 Seiten).
[P23]   Welcom Software: TEXIM PROJECT und OPEN PLAN (10 Seiten).

7.5   Informationsmappe/Diplomarbeit

[M1]   Voss-H.: Software für Projektmanagement im Vergleich. Eine
        vergleichende Studie über 37 PC-Produkte und 23 Mainframe/Mini-
        Produkte. Version 6.0, Juli 1993. Gesellschaft für Prozeßsteuerungs- und
        Informationssysteme mbH, Berlin.
[D1]   Ulbrich-H.: Integrierte Netzplantechnik mit Artemis. Diplom-Arbeit
        (unveröffentlicht), Fachhochschule Düsseldorf.

8   Glossar

Access

Relationales Datenbanksystem von Microsoft, das 1992 auf den Markt gekommen ist. Läuft unter Windows. Daten und Tabellen können dabei durch Ziehen mit der Maus transferiert werden. Eine Schnittstelle zu SQL ist vorhanden, desgleichen zur FoxPro, Excel und Lotus 1-2-3.

AIX

(Advanced Interactive Executive). Eine IBM-Version von UNIX.

Arbeitsspeicher

(Haupt-, Zentralspeicher) Wichtiger Bestandteil der Zentraleinheit jeder EDV-Anlage. Bei einer Verarbeitung enthält der Arbeitsspeicher die sich gerade in Bearbeitung befindlichen Programme (oder Programmteile) und Daten.

ASCII

(American Standard Code for Information Interchange; Amerikanischer Standardcode für den Informationsaustausch); ein 7-Bit-Code zur Darstellung alphanumerischer Zeichen.

AT

(Advanced Technology; fortschrittliche Technologie)

Kennzeichnung für PC seit 1984, die damals mit dem neu entwickelten Mikroprozessor Intel 80286 ausgerüstet wurden und gegenüber den älteren Rechnern eine wesentlich verbesserte Technik, höhere Leistungen und größere Kapazitäten aufwiesen.

Batch	Stapelverarbeitung, sukzessives Abarbeiten von Programmen, Reihenfolgeverarbeitung
Betriebsart	Bezeichnung für die generelle Art der internen Verarbeitung von Daten.
Byte	Maßeinheit für die Speichergröße; besteht meist aus 8 Datenbits; ein Byte erlaubt die Speicherung eines Schriftzeichens aus einem Zeichensatz oder zweier Ziffern.
Cache-Speicher	Pufferspeicher zwischen dem Arbeitsspeicher und den restlichen Teilen einer Zentraleinheit zum Verkürzen der Zugriffszeiten zum Arbeitsspeicher.
CD-ROM	Abkürzung für Compact Disc ROM. Datenträger zur optischen Speicherung mit sehr großer Kapazität. Auf einem CD-ROM in Größe einer Audio-CD lassen sich 550 MByte speichern. Dies entspricht dem Inhalt von ca. 500 mittelgroßen Büchern. Mit CD-ROMs lassen sich große Datenbestände einem großen Empfängerkreis billig zur Verfügung stellen. Anwendung für Enzyklopädien, Telefonverzeichnisse, Kataloge.
Client-Server-System	Eine heute verbreitete Form verbundener Rechner, die sowohl nur aus PC als auch aus PC und Großrechnern bestehen können. Der Client ist ein unmittelbar von einem Benutzer eingesetzter PC, auf dem eine Reihe üblicher Arbeiten durchgeführt werden. Bestimmte spezifische Aufgaben sind jedoch ausgelagert auf den Server (Serverstation), der auf diesen Aufgabentypus ausgerichtet ist, z.B. Verwaltung eines Datenbanksystems oder Steuerung eines Druckers usw. Häufig wird der Client auch als *frontend computer* (Vorrechner), der Server als *backend computer* (Nachrechner) bezeichnet.

Der Vorteil von Client-Server-System liegt in der Tatsache, daß innerhalb eines Netzes bestimmte Rechner spezialisiert sind und bestimmte Aufgaben für alle anderen durchführen (besserer Durchsatz), daß andererseits fast keine Großrechner mehr benötigt werden, sondern nur noch PC, so daß die Kosten für ein solches System bei nahezu gleicher Leistung deutlich unter denen eines Großrechners liegen. Der Übergang von Großrechnern auf solche C.-S.-S. wird als *Downsizing* (etwa Verkleinerung von Großrechnern auf Abteilungsrechner und PC bei gleichbleibender Leistung) bezeichnet.

CLIPBOARD

Unter CLIPBOARD versteht man einen Speicherbereich, in den Grafiken und Texte zur späteren Verwendung abgelegt werden. Um z.B. eine Grafik in einen Text einzufügen, wird die Grafik in das CLIPBOARD gelegt und bei Bedarf in den Text eingefügt. Es ist auch geeignet, um eine Grafik in eine andere zu kopieren.

Datei (File)

Nach bestimmten Gesichtspunkten geordnete Zusammenstellung von Daten, die auf einem externen Speichermedium abgespeichert sind. Eine Datei besteht meist aus vielen, gleich aufgebauten Datensätzen.

Datenbank (Database)

Zusammenfassung aller Datenelemente eines Informationsbereiches, wobei ihre Speicherungsform Verknüpfungen ermöglichen und unabhängig von Anwenderprogrammen sein soll. Es muß ein Zugriff auf die Datenbestände hinsichtlich verschiedener Abfragekriterien möglich sein, um komplexe Verarbeitungen aller Applikationen eines umfassenden Informationsbereiches zu gewährleisten.

Datenimport und -export

Die Möglichkeit, Daten aus einem Programm in ein anderes zu überführen, z.B. die Einfügung einer mit einem Tabellenkalkulationssystem erzeugten Tabelle in den Text eines Textverarbeitungssystems oder eines Textes in das mit einem Grafiksystem erzeugte Bild. Diese Möglichkeiten sind bei den heute auf PC verwendeten Anwendungspaketen üblich und meist ganz problemlos. Auch die einzelnen Produkte bestimmter Hersteller können dies leisten. Der Export bzw. Import zwischen Software-Produkten unterschiedlicher Herteller ist nicht immer und teilweise nur unter erheblichen Schwierigkeiten möglich. Man sollte Programme, die man erwirbt, um sie mit anderen gemeinsam zu verwenden, auf diese Eigenschaft vorher gründlich prüfen.

Datentransfer

Datenübertragung und Datenübersetzung, wobei die unterstützten Formate hierbei ein wichtiges Leistungsmerkmal sind.

dBase

Bei PC verbreitetes relationales Datenbanksystem, das von Ashton-Tate 1981 auf den Markt gebracht wurde. Es ist heute in der Fassung dbase IV im Einsatz und wird von Borland weiter gepflegt. Es läuft unter allen auf PC eingesetzten Betriebssystemen.

DDE

(Dynamic Data Exchange; dynamischer Datenaustausch)

Nicht sehr verbreiteter Standard für den Datenaustausch, von Microsoft entwickelt.

Dialogbetrieb

Unterschiedliche Verfahren, bei denen Daten zwischen Benutzer und einer DV-Anlage ausgetauscht werden. Voraussetzung ist eine Dialogfähigkeit des Systems. Eine klare Benutzerführung ist von größter Wichtigkeit.

Neben verschiedenen Arten der dialogorientierten Benutzung von Programmen (z.b. Teilhaberbetrieb, Teilnehmerbetrieb) ist mit sogenannten dialogorientierten Programmiersprachen, wie APL, BASIC auch eine Programmierung im Dialog möglich.

DIF

(Data Interchange Format;   Datenaustauschforrnat)

Der Austausch von Daten zwischen LOTUS 1-2-3/Symphony und Fremdprogrammen über WKS-WK1-Dateien ist recht aufwendig. Dies gilt insbesondere, wenn lediglich die Kalkulationsdaten benötigt werden. LOTUS-Development definierte deswegen ein ASCII-Format, mittels dessen sich Daten unabhängig vom jeweiligen Programm zwischen verschiedenen Applikationen austauschen lassen. Dieses Format stellt einen Standard dar und wird von vielen anderen Produkten unterstützt.

Diskette (Floppy Disk)

Datenträger in Form einer flexiblen Magnetplatte, der in speziellen Disketten-Laufwerken sehr leicht ausgewechselt werden kann. Sie ermöglicht es, auch kleinere Rechner mit Direktzugriff auszustatten. Sie dient auch der Datenerfassung und eignet sich gut für den Transport. Kapazität 360 KB bis 2,88 MB.

DLL

(Dynamic Link Library; dynamische Bibliothek)

Eine Software-Technik bei Programmen, die unter Windows laufen. Dabei sind bestimmte Funktionen, die relativ selten verwendet werden, als Routinen auf der Festplatte gespeichert, die erst dann aufgerufen und in das Programm eingebunden werden, wenn sie tatsächlich benötigt werden.

Dongle (Schwänzchen)

Ein Stecker von der Größe eines Chips, der auf einen Chipsockel oder einen Steckanschluß des PC gesteckt werden kann und ein Festprogramm enthält. Dieses Festprogramm dient der Ergänzung normaler Software, z.B. als Kopierschutz usw. Ohne den Dongle arbeitet die normale Software nicht.

DOS (Disc Operating System)

Betriebssystem, dessen Module auf Magnetplatten gespeichert sind und das dem Anwender die einfache Nutzung der Daten- und Programmspeicherung auf Magnetplatte ermöglicht.

Druckertreiber

Programme zur Steuerung von Druckern. Diese werden häufig von den Software-Herstellern mit den Software-Paketen mitgeliefert.

Druckformat (printer format)

Das Format für den Ausdruck, das die Zeichen- und Zeilenabstände sowie die Bereiche der Seite definiert, in denen der Ausdruck auftritt. Bei manchen Zeilen- und seriellen Druckern wird der Abstand der Zeichen und Zeilen durch Schalter ausgewählt oder ist nicht veränderbar. Bei neueren seriellen und Seitendruckern kann das Host-System alle Formataspekte durch Steuercodes einstellen.

DXF

(Drawing Exchange Format)

Das DXF-Format dient zum Datenaustausch mit Fremdprogrammen und wird von einer Reihe anderer Programme unterstützt. Eine DXF-Datei besteht aus einer Reihe von Befehlen im ASCII-Format, wobei jeder Befehl grundsätzlich zwei Zeilen belegt: In der 1. Zeile steht der sog. Gruppencode, der die Art des nachfolgenden Befehls angibt, in der 2. Zeile steht der Befehl.

EGA

(Enhanced Grafic Adapter; verbesserter Grafik-Adapter)

Standard für die Grafikdarstellung auf Bildschirmen, der eine Auflösung von 640x350 Bildpunkten bei 16 Farben aufweist, die aus 256 möglichen ausgewählt werden können. EGA wird durch VGA abgelöst.

Einprojekt- und Multiprojektplanung

Die Fähigkeit eines Programmsystems, ein Projekt allein oder mehrere Projekte gleichzeitig zu verarbeiten und zu verwalten.

Fenstertechnik

Die Fenstertechnik erlaubt die Unterteilung eines Bildschirms in mehrere unabhängige Bereiche (Fenster, windows). Jedes der Fenster kann für eine andere Anwendung verwendet werden und funktioniert wie ein selbständiger (kleinerer) Bildschirm.

Format (format)

Die definierte Struktur des Informationsmusters, das verarbeitet, auf magnetischen oder optischen Medien aufgezeichnet, auf einem Monitor dargestellt oder auf einem Blatt Papier ausgedruckt werden soll. Das *Verbformatieren* betrifft einen Vorgang, der Daten in eine besondere Struktur bringt oder ein Speichermedium unterteilt, wie beispielsweise eine Platte in Sektoren, so daß dieses Daten aufnehmen kann.

FOXPRO

Von Microsoft entwickeltes relationales Datenbanksystem für Apple-Computer mit Maussteuerung und Schnittstellen zu allen wichtigen Anwendungspaketen, auch unter MSDOS ablauffähig. Liegt in der Fassung 2.0 vor.

Hilfefunktion (Helpfunction)

Eine bei Programmen, die zusammen mit hochentwickelten Benutzeroberflächen arbeiten, wichtige Technik, den Benutzer

bei seiner Arbeit zu unterstützen, insbesondere, wenn er das System nicht ganz
genau kennt. Es handelt sich um Pro-
grammroutinen, die in das Programm integriert sind und an beliebiger Stelle über
die Hilfetaste oder über das entsprechende Piktogramm mit der Maus aktiviert
werden. Sie werden als Hilfemenüs in
eigene Fenster auf dem Bildschirm eingeblendet und zeigen dem Benutzer eine
Reihe von Möglichkeiten, von der Stelle
des Programms aus, von der er die Hilfefunktion aufgerufen hat, weiterzuarbeiten
(Hilfetext). Es können sogar Fälle eintre-
ten, wo bei einem Bedienungsfehler, den
der Benutzer gemacht hat, das Hilfemenü
sich automatisch einblendet und be-
schreibt, wie der Fehler zu beheben ist.
Eine Hilfefunktion arbeitet immer *online*.

Hotline (Heißer Draht)

Ein Service, den viele Software-Häuser
und Computerhersteller für ihre Kunden
unterhalten, indem sie fachkundige Mitarbeiter zur Verfügung stellen, die von den
Kunden über Telefon befragt werden
können, wenn mit den Produkten
Schwierigkeiten auftreten, die sich vor Ort
nicht klären lassen. Meist ist dieser Service für den Kunden kostenfrei.

HPGL

(Hewlett-Packard Grafic Language; HP-
Grafik-Sprache)

Eine von HP entwickelte Grafiksprache,
die dazu dient, Grafiken auszudrucken/-
plotten. Dieser Standard wird viel benutzt.

Kompatibilität (Verträglichkeit)

Als Kompatibilität bezeichnet man die Eigenschaft von Komponenten der Hardware eines Computers, mit Komponenten
anderer Hersteller gemeinsam arbeiten zu
können, ohne daß besondere Maßnahmen zur Anpassung ergriffen oder beson-

dere Schnittstellen dazwischengeschaltet werden müssen.

Bei PC sind im allgemeinen die Zentraleinheiten aller Hersteller, die mit Mikroprozessoren von Intel ausgestattet sind, kompatibel. Auf ihnen laufen auch jeweils die dafür entwickelten Programme. Der Begriff wird, obwohl er eigentlich auf die Hardware bezogen ist, auch gelegentlich für die Software verwendet und drückt dann aus, daß ein Programm auf einem Rechner ohne besondere Anpassungsmaßnahmen laufen kann (Portabilität).

Kompatibel zu den meisten Zentraleinheiten sind heute z.b. die meisten Drucker, die über Standardschnittstellen angeschlossen werden können. Lediglich die Treiberprogramme müssen hier gelegentlich angepaßt werden. Umgekehrt bezeichnet man nicht verträgliche Hardware als inkompatibel, so z.b. die Systeme, die mit Motorola-Prozessoren arbeiten, im Verhältnis zu Intel-Prozessoren.

Konfiguration

Darunter versteht man den Aufbau eines bestimmten Computersystems aus seinen einzelnen Komponenten, der von System zu System anders sein kann, je nachdem, wofür es im einzelnen eingesetzt werden soll. Durch die Modularität moderner Computersysteme ist der Konfigurations-Vielfalt kaum eine Grenze gesetzt, sie kann jedem Bedürfnis angepaßt werden.

Konvertierung (Konversion; Umsetzung)

Die Veränderung von Daten usw. aus einer Form in eine andere, wobei aber der Inhalt nicht verändert werden darf. Es gibt folgende Arten der Konvertierung: Daten-Konvertierung, z.B. aus ASCII nach EBCDIC oder umgekehrt. Datei-Konvertierung, wobei die Art der Dateiorganisation geändert wird. Datenträger-Konvertierung, wenn z.B. Daten von einer Festplatte auf eine Diskette übertragen werden. Programm-Konvertierung, wenn ein Programm, das unter einem bestimmten Betriebssystem läuft, für ein anderes Betriebssystem umgestaltet wird. System-Konvertierung, wenn auf einem Rechner ein neues Betriebssystem an Stelle des alten eingeführt werden soll.

Listengenerator

Ein Generator (Software-Modul), der aus einer Datei Datensätze liest, umformt, zusammenfaßt und listenförmige Ergebnisse über einen Drucker erzeugt, wird Listengenerator genannt.

Lotus 1-2-3

Extrem verbreitetes Tabellenkalkulationsprogramm des gleichnamigen Software-Hauses, erstmalig 1982 auf den Markt gekommen, heute in Version 3.1 vorliegend. Erlaubt die Bearbeitung von bis zu 256 *spread sheets* mit je 8192 Zeilen und 256 Spalten. Daneben enthält das System eine Datenverwaltung sowie auch Präsentationsgrafik, die unmittelbar aus Tabellen umgesetzt werden kann. Das Programm läuft unter MSDOS, OS/2 und in einer anderen Fassung auch auf Apple-Rechnern. Es ist netzwerkfähig.

Lotus 1-2-3 -Format

Sowohl Lotus 1-2-3 als auch die Tabellenkalkulation Symphony legen Daten und Kalkulationsformeln in sog. *Binärdateien* ab. Texte aus den Rechenblättern werden dabei im ASCII-Format innerhalb der Binärdatei gespeichert. Die Dateien erhalten - je nach verwendeter Programmversion - die Erweiterung WKS, WKS1 oder WKS2.

Mainframe

Bezeichnung für die Zentraleinheit von Großcomputern.

Maske

Die Verwendung dieses Begriffes ist unterschiedlich:

1 In einem Programm kann die Auswahl bestimmter Stellen aus einer Zeichen- oder Bitfolge durch Masken geschehen (etwa wie eine Tabellenauswertung durch eine Maske).

2. Die Druckmaske ist im Sinn der Druckbildgestaltung eine Ausgabehilfe für Ergebnisse auf Druckern.

3. Die Bildschirmmaske ist eine grafische und schriftliche Gestaltung eines Bildes auf einem Sichtgerät im Sinn der Formulargestaltung („Bildschirmvordruck"), auf dem durch einen Cursor die Eingabe gesteuert wird. Wichtiges Hilfsmittel zur Benutzerführung im Dialogbetrieb mittels eines Bildschirmgerätes.

Maskengenerator

Dienstprograrnm, mit dem man den Aufbau einer Bildmaske bis ins Einzelne festlegen kann. Der Maskengenerator erstellt dann die Bildmaske in der gewünschten Form, so daß man sie im Programm entsprechend aufrufen und auf dem Bildschirm verwenden kann. Maskengeneratoren werden vor allem in der Systementwicklung verwendet, um für Benutzeroberflächen Bildmasken der unterschiedlichsten Art zu entwickeln.

Mehrplatzsystem

DV-Anlage, die von mehr als einem Benutzer verwendet werden kann, weil eine Anzahl Datenendstationen (Terminals) vernetzt sind und gleichzeitig arbeiten können.

Multiprocessing

Durch besondere Betriebssysteme gesteuerte Zusammenarbeit von mehreren Zentraleinheiten in einem Gesamtsystem, wobei die Zentraleinheiten entweder

mehr oder weniger gleichberechtigt oder
hierarchisch organisiert sind (Netzwerk).

Multiprogramming

(Mehrprogrammbetrieb) Während Ein-
oder Ausgabeoperationen wird die Ausführung eines Programmes in der Zentraleinheit unterbrochen. Diese Unterbre-
chungen (Millisekundenbereich) benützt
das Betriebssystem, um ein zweites (oder
ggf. ein drittes usw.) Programm in der
Zentraleinheit (Vorgänge im Mikrosekun-
denbereich) abzuarbeiten, während die
übrigen Programme durch die Kanäle-
und Gerätesteuerungen simultan gesteuert
werden. Auf diese Weise wird es möglich,
mehrere Programme innerhalb des gleichen Zeitraumes verarbeiten zu lassen.
Durch das Multiprogramming kann die
zeitliche Auslastung der Zentraleinheit
gegenüber dem Monoprogramming er-
heblich gesteigert werden.

Multitasking

(Mehrprogrammverarbeitung) Eine Unter-
form des Mehrprogramm-Betriebs. Voraussetzung dazu ist ein entsprechendes
Betriebssystem, das diesen Betrieb unterstützt. Dabei können zwei oder mehr
Programme, die rechnerintern als getrenn-
te Arbeitsaufträge angesehen werden, auf
einem Computer im gleichen Zeitraum
ablaufen.

OLE

(Object Linking and Embedding; Objekt-
verknüpfung und Objekteinbettung)

Eine elegante Verknüpfung unterschiedlicher Dokumente, bei denen auch nach
der Verknüpfung Änderungen, die in einem Dokument durchgeführt werden, in
alle Kopien automatisch übertragen werden, mit denen das Original verknüpft
worden ist. Eine von Microsoft für

Windows entwickelte Technik, die den
Änderungsdienst sehr vereinfacht.

Oracle   Relationales Datenbanksystem, das vom
gleichnamigen Unternehmen seit 1984
entwickelt und vertrieben wird. Es ist für
jede Rechnergröße, also auch für PC einsetzbar, läuft unter dem MSDOS- und
Macintosh-Betriebssystem, ist netz- und
mehrplatzfähig, dann unter UNIX einsetzbar. Es arbeitet mit der Datenbanksprache
SQL und dürfte in den letzten Jahren das
verbreitetste Datenbanksystem geworden
sein. Es sind Schnittstellen zu vielen anderen Software-Produkten verfügbar.

OS/2   Ein von IBM und Microsoft für Mikrocomputer mit Intel 80286, 80386 und
80486 Prozessoren entwickeltes Betriebssystem, insbesondere für die IBM PS/2
Reihe. OS/2 ist als Nachfolger für MSDOS
gedacht und erlaubt Multitasking und Programme, die größer als die DOS-Grenze
von 640 KByte sind. Es besitzt eine
Wimp-Benutzerschnittstelle, die als Pre-
sentation Manager bezeichnet wird. OS/2
extended edition (oder erweiterte Fassung) schließt einen Datenbank- und
Kommunikationsmanager ein, deren
Funktionen vom Betriebssystem ausgeführt werden können.

Plausibilitäts-Test Überprüfung von Informationsinhalten
anhand formaler Kriterien durch ein Pro-
gramm. Meist wird geprüft auf: Vollständigkeit (alle Daten vorhanden?), Richtigkeit (existieren die angegebenen Begriffe
oder Codes überhaupt?), Glaubwürdigkeit
(sind die Relationen innerhalb von gewis-
sen Grenzen?). Beispiel: Prüfziffernrech-
nung.

Portabilität

(Portability; Übertragbarkeit) Eigenschaft von Software, ohne wesentliche Veränderung auf ein anderes Computersystem übertragbar zu sein, wobei hier das jeweils steuernde Betriebssystem von Bedeutung ist. So können heute viele Programme, die ursprünglich für MSDOS entwickelt worden sind, auch unter anderen Betriebssystemen eingesetzt werden. Jedoch ist auch die vorhandene Hardware für die Portabilität von Bedeutung, da es z.B. nicht möglich ist, ein Grafiksystem auf einen PC zu übertragen, der keinen grafikfähigen Drucker hat.

Programm

Aus Befehlen zusammengesetzte Arbeitsvorschrift für eine Datenverarbeitungsanlage. Oder eine Folge von Anweisungen zur Lösung eines Problems. Programme werden unter dem Begriff Software zusammengefasst. Es gibt unterschiedliche Formen von Programmen: Quellenprogramm, Objektprogramm, Anwendungsprogramm, Systemprogramm.

RAM

(Random Acces Memory; Direktzugriffsspeicher) Ein Speicher, der über ein System von Adressen ansprechbar ist. Dazu gehört als echter Direktzugriffsspeicher der Arbeitsspeicher. Aber auch halbdirekt zugreifbare Speicher wie Festplatten und Disketten.

Realtime

Echtzeit-Verarbeitung;   Datenerfassung, Eingabe und Verarbeitung fallen zeitlich zusammen, im Gegensatz zur Batch-Verarbeitung. Dadurch wird auch eine sofortige Plausibilitätskontrolle möglich.

ROM

(Read Only Memory) Frei adressierbarer Festspeicher, der eine eingegebene Information unabhängig von einem Ausfall der Stromversorgung festhält. Die einmal eingegebene Information kann allerdings nicht mehr geändert werden. Sie wird durch die Ausführung der letzten Maske, bei der Herstellung der integrierten Schaltung festgelegt. ROMs werden für die Speicherung von Betriebs- und Anwenderprogrammen verwendet.

Schnittstelle

(Interface) Als Schnittstelle bezeichnet man den Berührungspunkt zweier unterschiedlicher Systeme, der so aufgebaut ist, daß die differierenden Merkmale der Systeme bei der Kommunikation ausgeglichen werden. An einem PC verwendet man für die Verbindung der Zentraleinheit mit den peripheren Geräten Standardschnittstellen, die für eine Vielzahl von unterschiedlichen Geräten vorgesehen sind. Dabei unterscheidet man serielle (sie geben Daten bitseriell weiter) und parallele (sie geben Daten bitparallel weiter) Schnittstellen. Eine Benutzeroberfläche wird als Mensch-MaschineSchnittstelle bezeichnet.

Spread Sheet

(Spread ausbreiten; sheet Blatt) Spezielle Technik im Zusammenhang mit einem Anwendungsprogramm Tabellenkalkulation. In die Zeilen und Spalten einer auf dem Bildschirm ersichtlichen Tabelle werden Bezeichnungen bzw. numerische Werte eingetragen. Numerische Operationen, wie z.B. Summenbildung einer Spalte, Verlagerungen von Werten in eine andere Spalte mit neuerlicher Summenbildung u.ä. können leicht durchgeführt werden.

SQL

(Structured Query Language; strukturierte Abfragesprache) Von IBM entwickelte Datenbanksprache, die sich aber heute stark verbreitet hat und praktisch von allen Datenbanksystemen verwendet wird. Mit einfachen Kommandos kann der Benutzer neue Daten eingeben, vorhandene suchen, ausgeben, verändern, löschen, sichern etc.. Die Sprache ist an die englische Sprache angelehnt und leicht zu erlernen. Mit ihr kann für eine Datenbank eine Reihe von Programmen zur Behandlung der Daten der Datenbank entwickelt werden.

SYLK

(Symbolic Link Format) Die Firma Microsoft hat für die Programme Multiplan und Chart ein eigenes Format für den Austausch von Daten mit Fremdprogrammen definiert. Dieses Format wird als SYLK bezeichnet. Damit lassen sich nicht nur Daten, sondern zusätzlich auch alle Informationen zur Definition eines Rechenblattes übertragen.

ULTRIX

Eine Version von UNIX, die von DEC für ihre Prozessoren der VAX-Reihe entworfen und implementiert worden ist.

UNIX

Name eines Betriebssystems, das 1969 zunächst für Minirechner entwickelt wurde, sich aber dann als universales Betriebssystem für alle Computergrößenklassen für Mehrplatzbetrieb weiterentwickelt hat. Es wurde von Bell Laboratories entwickelt und ist zu einem erheblichen Teil in der Programmiersprache C geschrieben. Es besteht aus einem Nukleus für die Programmsteuerung, die Speicher und die Dateiverwaltung sowie einem Kommandoprozessor, der die Form einer Schale hat, die als Benutzeroberfläche organisiert ist. Es gibt eine Reihe von Varianten von UNIX für PC wie XENIX von Digital Equipment, die XENIX/286-Fassung von Microsoft und Santa Cruz Operation (SCO), 386/ix von Microport, AIX von IBM, Sinix von Siemens. ESIX und

Interactive Unix von Interactive, das heute in der Fassung Interactive Unix V.4 vorliegt.

Unterstützte Formate   Sie geben an, welche Datenformate beim Datentransfer unterstützt werden.

VAX/VM   Das von DEC als Standardsystem für ihre VAX-Reihe von Prozessoren angebotene Betriebssystem. Das System arbeitet auf der Basis einer virtuellen Maschine für jeden Benutzer der VAX-Hardware.

Vernetzung   Netzwerk-Struktur; Systeme der Datenverarbeitung mit mehreren Zentraleinheiten und einer weit verzweigten Peripherie, die durch Netze verbunden sind.

VGA   (Video Grafics Array; Grafikanordnung) Ein heute sehr verbreiteter Grafikstandard. Die Auflösung ist 640x480 Bildpunkten bei 16 Farben, die aus 262144 verschiedenen Farben auswählbar sind. EGA wird durch VGA abgelöst.

WYSIWYG   (What You See Is What You Get; was Sie sehen, bekommen Sie) Schlagwort, mit dem zum Ausdruck gebracht werden soll, daß das, was man bei einem Programm auf dem Bildschirm sieht, auch in derselben Form auf dem Drucker ausgedruckt wird. Der Begriff stammt aus der Zeit, als es üblich war, Steuerzeichen für die Gestaltung des Drucks direkt in die Texte einzugeben, so daß sie zunächst auf dem Bildschirm im Text sichtbar waren, was den Gesamteindruck störte und die Beurteilung des Aussehens des Druckbildes beeinträchtigte. Heute wird, vor allem beim Einsatz von Windows, üblicherweise WYSIWYG als Standard angesehen, so daß der Begriff vermutlich wieder verschwinden wird. Man unterscheidet *off-screen formatting*, bei dem Sternzeichen zwar im Text eingebettet sind, auf dem Bildschirm aber nicht erscheinen, und *on-screen formatting,* bei dem auch der Text frei von Sternzeichen bleibt

XT

(Extended Technology; erweiterte Technologie) Als XT wurden die ersten PC bezeichnet, die statt eine oder zwei Diskettenlaufwerken erstmals mit einer Festplatte ausgestattet waren. Sie hatten durchweg einen Microprozessor vom Typ Intel 8086.

Grundlagen der Netzplantechnik

Eine elementare Einführung für Studenten, Ingenieure und Betriebswirte

von Oskar Reichert

1994. IX, 167 Seiten. Kartoniert.
ISBN 3-528-05426-3

Aus dem Inhalt: Grundlagen Netzplantechnik – Projektstrukturplanungen – Einfache Ablaufplanungen – Einfache Zeitplanungen – Verfeinerte Ablauf– und Zeitplanungen – Kostenplanungen – Kapazitätsplanungen – Rahmen-, Teilnetz-, Meilenstein-, Standard-, Entscheidungsnetz- und Mehrprojektnetzplanungen – Aufgaben – Lösungen.

Dieses übersichtlich gegliederte Buch vermittelt die Grundlagen der Netzplantechnik anhand vieler praxisnaher Beispiele. Angefangen bei der Projektstrukturanalyse führt es an moderne Verfahren zur Zeitnetzplanung, zur Kosten- und Ressourcenplanung heran. Ein Schwerpunkt bildet die integrierte Netzplanung, die Termin-, Kosten- und Ressourcenaspekte eines Planungsprojektes zusammen betrachtet. Die zahlreichen Fallbeispiele werden ausgiebig dokumentiert und mit vielen Grafiken illustriert.

Verlag Vieweg · Postfach 58 29 · 65048 Wiesbaden

Vieweg ProjectManager PROAB II

Software zum modernen Projektmanagement mit
Benutzerhandbuch

von Erik Wischnewski

1992. VIII, 139 Seiten mit Diskette. Gebunden.
ISBN 3-528-05149-3

Der Vieweg ProjectManager PROAB II unterstützt alle drei Bereiche des Projektmanagements, d.h. die Projektplanung, die Projektverfolgung sowie die Projektsteuerung. Die Unterstützung findet auf allen Risikoebenen statt: Technik, Termine und Kosten. Das Paket unterstützt den Projektleiter einerseits bei der Termin- und Kostenüberwachung und hilft ihm andererseits, die Ressourcenplanung sowie den Ressourceneinsatz zu optimieren.

Die auf dem Markt erhältlichen Programme zum Projektmanagement unterstützen in der Regel lediglich die Erstellung von Struktur- und Netzplänen, zum Teil wird auch die Kostenplanung mit berücksichtigt. Diese Software leistet mehr: die Projektverfolgung umfaßt unter anderem die automatisierte Berichterstattung und eine vollständige Verfolgung von Fremdleistungen sowie die Erfassung von Störungen.

Die Projektsteuerung wird durch die Bereitstellung analytischer Werte und zahlreicher Diagramme erleichtert.

Verlag Vieweg · Postfach 58 29 · 65048 Wiesbaden

GPSR Compliance
The European Union's (EU) General Product Safety Regulation (GPSR) is a set
of rules that requires consumer products to be safe and our obligations to
ensure this.

If you have any concerns about our products, you can contact us on

ProductSafety@springernature.com

In case Publisher is established outside the EU, the EU authorized
representative is:

Springer Nature Customer Service Center GmbH
Europaplatz 3
69115 Heidelberg, Germany